云南及周边地区
优异农业生物种质资源

刘 旭　王述民　李立会　主编

科学出版社

北　京

内 容 简 介

  本书是在"云南及周边地区生物资源调查"专项实施的基础上，对采集的生物资源样本进行田间基本农艺性状观察鉴定，对部分综合性状优良的种质进行人工控制条件下的抗生物逆境和非生物逆境的深入鉴定，在实验室借助仪器设备进行品质特性分析和分子鉴定。综合全部鉴定数据，深入分析，筛选优异种质。本书包含前言和7章正文。前言部分阐述了本专项实施的基本情况，采集样本的田间初步鉴定和实验室深入鉴定的基本方法、主要结果等。正文分7章，分别阐述了粮食作物、经济作物、蔬菜作物、果树作物、食用菌类、药用植物和畜禽优异种质，共计316份，每份优异种质包括采集信息、基本特征特性、优异性状、利用价值，并提供了图片。

  本书主要面向从事生物种质资源保护、研究和利用的科技工作者，大专院校师生及政府主管人员，旨在提供云南及周边地区生物种质资源的有关信息，提高保护生物资源的公众意识，促进我国对生物种质资源的有效保护和可持续利用。

图书在版编目(CIP)数据

  云南及周边地区优异农业生物种质资源/刘旭，王述民，李立会主编.—北京：科学出版社，2013.3
  ISBN 978-7-03-036862-1

  Ⅰ.①云… Ⅱ.①刘… ②王… ③李… Ⅲ.①作物—种质资源—研究—云南省 Ⅳ.①S329.274

  中国版本图书馆CIP数据核字(2013)第040032号

责任编辑：李秀伟 杨晓庆 王 静/责任校对：郑金红
责任印制：钱玉芬/封面设计：美光制版

科 学 出 版 社 出版
北京东黄城根北街 16 号
邮政编码：100717
http://www.sciencep.com
北京通州皇家印刷厂 印刷
科学出版社发行 各地新华书店经销
*
2013 年 3 月第 一 版 开本：787×1092 1/16
2013 年 3 月第一次印刷 印张：15
字数：340 000
定价：168.00 元
(如有印装质量问题，我社负责调换)

编委会名单

主 编

刘 旭 王述民 李立会

主要编写人员（按姓氏笔画排序）

马月辉 王述民 方 沩 刘 旭 李立会 李先恩

李锡香 余懋群 张金霞 陈善春 郑殿升 赵永昌

黄兴奇 曹永生 蔡 青 戴陆园

编 审

郑殿升

前　　言

　　"云南及周边地区生物资源调查"专项于2006年12月启动实施，历时5年。项目组本着"规范标准、全面普查、系统调查、重点收集、深入评价、有效保护"的实施原则，由来自44家科研教学单位137位专家的共同参与，全面完成了云南及周边地区80个县(市)的粮食作物、经济作物、蔬菜作物、果树作物、食用菌类、药用植物、畜禽等农业生物资源的基本数据普查和其中41个县(市)的系统调查，获得了160GB的基础数据和图像信息，采集了5339份样本。项目的实施取得了显著成效，主要包括以下三个方面。

　　一是基本查清了本地区农业生物资源的分布状况、消长变化及原因。通过对80个县(市)1956年、1982年、2006年3个时间节点的农业生物资源基本数据普查和其中41个县(市)的系统调查，发现云南及周边地区农业生物资源多样性虽略有下降，但仍保持着较高水平，达900余个物种，其中药用植物约占50%。就粮食作物和蔬菜作物品种的多样性而言，地方品种仍然高于育成品种，分析其原因，主要是少数民族的传统习俗和日常饮食习惯及当地特殊的生态环境等，保留种植了大量地方品种，但地方品种不论是种类还是数量逐渐减少的趋势是十分明显的。

　　二是获得了一批重要基础材料和样本。共采集样本5339份，包括粮食作物2600份，经济作物370份，蔬菜作物876份，果树作物351份，食用菌101份，药用植物986份，畜禽55份，其中粮食作物、经济作物、蔬菜作物、果树作物的样本为有生命力的种子或活体(枝条、接穗等)，药用植物和食用菌具有生命力的样本分别为145份和80份，畜禽样本主要是组织样本和血液样本。通过对上述收集的粮食作物种质资源与国家作物种质库信息数据比对，发现有89%以上的种质为新收集而尚未入库保存。

　　三是通过鉴定评价，筛选出一批具有重要应用价值的种质资源。鉴定评价主要分三个层次进行。

　　第一层次是在生态环境相似的地点鉴定评价基本农艺性状，即将从云南、四川和西藏收集的种质资源分别在云南、四川的适宜地点进行基本农艺性状初步鉴定评价，以便充分反映出其固有特征特性。基本农艺性状评价的内容因作物不同而异，以小麦为例，主要包括播种期、出苗期、基本苗数、返青期、拔节期、抽穗期、开花期、灌浆期、成熟期、全生育日数、株高、单株分蘖数、亩穗数、单穗粒数、千粒重、单位面积产量等。各作物具体评价的内容、标准均依据《种质资源描述规范和数据标准》进行。

　　第二层次是根据调查时农民提供的有关信息，有针对性地在人工控制条件下，鉴定评价抗生物逆境和非生物逆境等特性。对抗生物逆境(如病、虫等)的鉴定评价，一般在温室、网室等可控条件下进行，通过人工接种病原种(虫)，在适宜的温度和湿度下，诱发病(虫)害发生，按照一定的标准和各作物种质资源受病(虫)害的危害程度，判定其对相应病(虫)害的抗性。对非生物逆境(旱、盐、碱、冷、热、低氮、低磷等)抗性的鉴定评价，通常在抗旱棚、耐盐（碱）池、人工气候箱等可控条件和自然逆境下进行，可分别对芽期、苗期的抗性进行单独鉴定，但不容置疑，以最终的处理和对照的株高、产量及产量三要素比对结果为衡量指标，综合评价一份资源的抗性最为可靠。

第三层次是在实验室内借助仪器设备，分析评价营养、加工等品质特性，或利用分子生物学技术研究遗传多样性，发掘优异基因。通常对营养和加工品质评价的内容包括：蛋白质、淀粉、脂肪、氨基酸、加工特性（如小麦面粉的沉降值、稳定时间）、特殊功能营养因子（如大豆的异黄酮、燕麦的 β- 葡聚糖）等，具体评价技术与方法依据各作物品质分析国家或部颁标准进行。利用分子标记 (SSR、SNP 等) 和基因组学信息，分析云南及周边地区农业生物种质资源的遗传多样性，研究某些特殊性状（如糯性等）的起源与进化，发掘、标记、克隆、转化有重大应用前景的新基因，为有效保护和利用这些农业生物种质资源奠定基础。

通过鉴定评价筛选出优异农业生物种质资源 316 份，其中粮食作物 150 份、经济作物 29 份、蔬菜作物 40 份、果树作物 28 份、食用菌类 20 份、药用植物 23 份、畜禽 26 份。本书将分类分章逐一阐述。

编　者

2012 年 11 月 1 日

目　　录

前言

第一章　粮食作物优异种质资源 ································· 1

　　第一节　稻类优异种质资源 ····························· 1

　　第二节　麦类优异种质资源 ····························· 25

　　第三节　豆类优异种质资源 ····························· 33

　　第四节　玉米等杂粮优异种质资源 ····················· 49

　　第五节　薯类优异种质资源 ····························· 94

第二章　经济作物优异种质资源 ······························· 106

　　第一节　大豆优异种质资源 ····························· 106

　　第二节　茶树优异种质资源 ····························· 113

　　第三节　甘蔗优异种质资源 ····························· 116

　　第四节　其他类优异种质资源 ··························· 121

第三章　蔬菜作物优异种质资源 ······························· 127

　　第一节　黄瓜优异种质资源 ····························· 127

　　第二节　茄子优异种质资源 ····························· 138

　　第三节　辣椒优异种质资源 ····························· 150

第四章　果树作物优异种质资源 ······························· 157

　　第一节　仁果类优异种质资源 ··························· 158

　　第二节　核果类优异种质资源 ··························· 165

　　第三节　浆果类优异种质资源 ··························· 170

　　第四节　坚果类优异种质资源 ··························· 176

　　第五节　柑果类优异种质资源 ··························· 178

第五章　食用菌类优异种质资源 ······························· 180

　　第一节　食用菌优异种质资源鉴定评价 ················· 181

第二节　食用菌优异种质资源简介 ……………………………………………… 194

第六章　药用植物优异种质资源 ……………………………………… 199

第一节　砂仁优异种质资源 …………………………………………… 199

第二节　石斛优异种质资源 …………………………………………… 203

第七章　畜禽优异种质资源 ………………………………………… 212

第一节　羊优异种质资源 ……………………………………………… 212

第二节　牛优异种质资源 ……………………………………………… 215

第三节　马和驴优异种质资源 ………………………………………… 219

第四节　猪优异种质资源 ……………………………………………… 221

第五节　鸡优异种质资源 ……………………………………………… 224

第六节　鸭优异种质资源 ……………………………………………… 228

第一章 粮食作物优异种质资源

通过对云南及周边地区生物资源调查，收集了大量的粮食作物种质资源，经过鉴定评价，筛选出 150 份优异种质资源，包括水稻 36 份、麦类 10 份、玉米等杂粮 66 份、食用豆类 23 份、马铃薯 15 份。下面将分 5 节予以介绍。

第一节 稻类优异种质资源

云南及周边地区丰富多彩的民族传统文化和生态环境，孕育了丰富多样的稻种资源，为国内外所瞩目。通过对云南省 31 个县 (市) 生物资源系统调查，共获得稻种资源 554 份，其中水稻 416 份，旱稻 138 份。按籼稻、粳稻类型分，有籼稻 78 份，粳稻 476 份；按粘稻、糯稻类型分，有粘稻 325 份，糯稻 229 份。收集的这些资源中含地方品种 542 份，育成品种 11 份，疣粒野生稻 1 份。这表明在云南少数民族地区，仍有大量地方品种被当地民族种植。据调查，种植原因多为其所具有的抗逆性和优异品质符合当地特定的生态环境和当地民族的生活习俗。

调查队员在农业生物资源调查过程中，依据当地民众对该份资源的认知 (如种植历史、种植面积、栽培管理的主要措施)，该资源的优异性状 (如产量、抗病虫性、耐贫瘠性、抗旱性、耐冷性、熟期、品质、口感等)，以及种植原因等相关信息，对所收集资源进行初步分析和分类，并结合当前生产和未来育种目标的需求，有针对性地开展了品质性状、耐冷性、耐贫瘠性、抗旱性、产量及株型等几方面的鉴定评价，发掘优异资源，供科学研究和育种利用。其中，品质性状鉴定主要根据直链淀粉含量、糊化温度等级、胶稠度、外观品质和米粒长宽比等进行。产量及株型鉴定的鉴定地点为弥勒县 (海拔 1450m，籼、粳稻交错区)，该区域籼、粳稻均能正常生长发育，可根据株高等表型综合性状进行评价。耐贫瘠性鉴定是在低肥力田块设置不同的条件，调查分蘖力、有效穗、株高、穗长、单株子粒重、单株生物产量、千粒重和 SPAD 值，以耐低氮 (磷) 指数作为耐贫瘠性评价指标。耐冷性鉴定主要评价孕穗开花期耐冷性,鉴定地点为昆明市云南省农业科学院试验基地 (因昆明为孕穗开花期耐冷性自然鉴定的理想基地)，采用自然低温鉴定，以结实率为主要评价指标。抗旱性鉴定的鉴定地点为云南省景洪市嘎洒镇西双版纳傣族自治州农科所基地，在大田自然干旱胁迫和非干旱胁迫两种条件下，利用抗旱性农艺性状及产量指标 (分蘖数、生育期、有效穗、株高、穗长、穗颈节粗、实粒数、穗粒数、结实率、子粒宽、倒二节间长、千粒重和单株产量)，采用抗旱隶属函数和灰色关联度两种方法对抗旱性进行综合评价。

通过深入鉴定，最终从 554 份稻类种质资源中筛选出 35 份云南少数民族地区特有或具某一 (些) 优异性状的资源。其中，品质优异种质资源 13 份，产量及株型综合性状优异的资源 6 份，耐贫瘠资源 7 份，耐冷性资源 5 份，抗旱性资源 4 份。另外，从四川调查的资源中筛选优异种质资源 1 份。

1. 老鼠牙

该品种因其米粒细长形似老鼠牙齿而得名。

【学名】老鼠牙是亚洲栽培稻 (*Oryza sativa* L.) 的一个品种。

【采集号与采集地】采集编号：2008532339。采集地点：云南省沧源县芒卡镇焦山村。

【基本特征特性】基本特征特性鉴定结果见表 1.1。

表 1.1   老鼠牙的基本特征特性鉴定结果（鉴定地点：云南弥勒）

品种名称	有效穗 / 个	株高 /cm	穗长 /cm	剑叶角度 / 级	抗倒伏	落粒性	穗粒数 / 粒	结实率 /%	千粒重 /g	子粒长宽比
老鼠牙	4.7	94	27.5	1	1	9	129.7	75.3	26.11	4.03

【优异性状】老鼠牙属于特殊的软米类型，水稻软米种质资源为云南省所特有。其稻米的直链淀粉含量为 9.88%，糊化温度等级为 4，类型为中，胶稠度 84.0mm；粒长最大为 1.2cm，长宽比最大为 5.1。该品种矮秆，株高一般为 60~70cm，抗倒伏力强。稻米品质好，米饭冷不回生，口感好。

【利用价值】现直接应用于生产，或可作为水稻育种的亲本，特别是品质育种的亲本。

图 1.1   老鼠牙子粒和田间表现

2. 黄板所

【学名】黄板所是亚洲栽培稻 (*Oryza sativa* L.) 的一个品种。

【采集号与采集地】采集编号：2008533050。采集地点：云南省腾冲县新华乡新山村。

【基本特征特性】基本特征特性鉴定结果见表 1.2。

表 1.2   黄板所的基本特征特性鉴定结果（鉴定地点：云南弥勒）

品种名称	有效穗 / 个	株高 /cm	穗长 /cm	剑叶角度 / 级	抗倒伏	落粒性	穗粒数 / 粒	结实率 /%	千粒重 /g	子粒长宽比
黄板所	8.4	161	29.9	7	7	9	149.2	87.7	39.8	2.0

【优异性状】黄板所属于特殊的软米类型，是当地水稻品质最优良的品种，已有上百

年的种植历史。经测定,该品种稻米的直链淀粉含量为9.04%,糊化温度等级为4,类型为中,胶稠度64.5mm;千粒重为39.8g。稻米品质好,米饭冷不回生,口感好。

【利用价值】现直接应用于生产,或可作为水稻育种亲本,特别是品质育种的亲本。

图1.2 黄板所子粒和田间表现

3. 长软米

【学名】长软米是亚洲栽培稻(*Oryza sativa* L.)的一个品种。

【采集号与采集地】采集编号:2007534649。采集地点:云南省勐腊县勐伴镇曼燕村。

【基本特征特性】基本特征特性鉴定结果见表1.3。

表1.3 长软米的基本特征特性鉴定结果(鉴定地点:云南弥勒)

品种名称	有效穗/个	株高/cm	穗长/cm	剑叶角度/级	抗倒伏	落粒性	穗粒数/粒	结实率/%	千粒重/g	子粒长宽比
长软米	5.2	134.3	26.4	1	1	9	127	78.5	34.9	3.28

【优异性状】长软米是当地水稻品质优良的籼型软米品种,已有上百年的种植历史。稻米直链淀粉含量为2.54%,糊化温度等级为4,类型为中,胶稠度100mm。该品种稻米品质优,口感好,外观品质优,抗病虫,株型较好。

【利用价值】现直接应用于生产,或可作为水稻育种的亲本,特别是品质育种的亲本。

图1.3 长软米子粒和田间表现

4. 大白谷

【学名】 大白谷是亚洲栽培稻 (*Oryza sativa* L.) 的一个品种。

【采集号与采集地】 采集编号：2008535078。采集地点：云南省瑞丽县缅甸介朵。

【基本特征特性】 基本特征特性鉴定结果见表 1.4。

表 1.4　大白谷的基本特征特性鉴定结果（鉴定地点：云南景洪）

品种名称	有效穗 / 个	株高 /cm	穗长 /cm	剑叶角度 / 级	抗倒伏	落粒性	穗粒数 / 粒	结实率 /%	千粒重 /g	子粒长宽比
大白谷	6.4	177.6	29.1	5	5	9	170	81.9	30.7	2.23

【优异性状】 大白谷为当地优良的籼型软米品种，在当地已有 60 多年的种植历史。该品种品质优，口感好，米软，饭香，外观品质较好，不耐肥。但因产量较低，株高较高，种植该品种的农户越来越少，该品种濒临灭绝。

【利用价值】 现直接应用于生产，或可作为水稻品质育种的亲本。

图 1.4　大白谷子粒和米饭

5. 傣龙紫糯

【学名】 傣龙紫糯是亚洲栽培稻 (*Oryza sativa* L.) 的一个品种。

【采集号与采集地】 采集编号：2008531117。采集地点：云南省盈江县新城乡傣龙村。

【基本特征特性】 基本特征特性鉴定结果见表 1.5。

表 1.5　傣龙紫糯的基本特征特性鉴定结果（鉴定地点：云南弥勒）

品种名称	有效穗 / 个	株高 /cm	穗长 /cm	剑叶角度 / 级	抗倒伏	落粒性	穗粒数 / 粒	结实率 /%	千粒重 /g	子粒长宽比
傣龙紫糯	6.8	91	24.1	1	1	9	121	82.9	20.4	3.52

【优异性状】 傣龙紫糯是当地水稻品质优良的籼型糯稻品种，已有 40 多年的种植历史。稻米直链淀粉含量为 2.78%，糊化温度等级为 5，类型为中，胶稠度 100mm。该品种稻米品质优，饭香且口感好，抗稻瘟病、稻飞虱，产量在 200kg/667m^2 左右。据当地人描述该

品种具有一定的药用价值，还可以酿酒。

【利用价值】现直接应用于生产，或可作为水稻育种的亲本，特别是紫米和糯稻品种改良的亲本，也可以作为水稻药用功能研究的基础材料。

图 1.5　傣龙紫糯子粒和田间表现

6. 接骨糯

【学名】接骨糯是亚洲栽培稻 (*Oryza sativa* L.) 的一个品种。

【采集号与采集地】采集编号：2008534713。采集地点：云南省新平县漠沙镇胜利村。

【基本特征特性】基本特征特性鉴定结果见表 1.6。

表 1.6　接骨糯的基本特征特性鉴定结果（鉴定地点：云南弥勒）

品种名称	有效穗/个	株高/cm	穗长/cm	剑叶角度/级	抗倒伏	落粒性	穗粒数/粒	结实率/%	千粒重/g	子粒长宽比
接骨糯	5.6	155	25.1	3	9	5	188.4	82.3	22.3	3.00

【优异性状】接骨糯为当地优良的糯稻品种，在当地已有 100 多年的种植历史。该品种品质优，其稻米直链淀粉含量为 4.44%，糊化温度等级为 2，类型为高，胶稠度 100mm。此外，该品种具有一定的药用功能，因具有接骨的功能而称接骨糯；还可以作为补品食用，将接骨糯与鸡一起煮粥，产妇吃后可以滋补身体。

【利用价值】现直接应用于生产，或可作为紫米和糯稻品种改良的亲本，也可作为水稻药用功能研究的基础材料。

图 1.6　接骨糯子粒

7. 白蚂蚱谷

【学名】白蚂蚱谷是亚洲栽培稻 (*Oryza sativa* L.) 的一个品种。

【采集号与采集地】采集编号：2008533386。采集地点：云南省元江县澧江镇龙潭村。

【基本特征特性】基本特征特性鉴定结果见表1.7。

表 1.7 白蚂蚱谷的基本特征特性鉴定结果（鉴定地点：云南弥勒）

品种名称	有效穗/个	株高/cm	穗长/cm	剑叶角度/级	抗倒伏	落粒性	穗粒数/粒	结实率/%	千粒重/g	子粒长宽比
白蚂蚱谷	7.4	95.6	23.4	1	1	9	144	89.3	23.3	3.69

【优异性状】白蚂蚱谷是当地水稻品质优良的籼型品种，已有200多年的种植历史。该品种适宜在海拔600~1000m种植，目前当地有80多户农户仍继续种植，种植面积6.67hm²。该品种稻米品质优，口感好，外观品质优，稳产性较好，产量在450kg/667m²左右。

【利用价值】现直接应用于生产，或可作为水稻育种亲本，特别是品质育种的亲本。

图 1.7 白蚂蚱谷子粒和田间表现

8. 老缅谷

【学名】老缅谷是亚洲栽培稻 (*Oryza sativa* L.) 的一个品种。

【采集号与采集地】采集编号：2008532335。采集地点：云南省沧源县芒卡镇芒岗村。

【基本特征特性】基本特征特性鉴定结果见表1.8。

表 1.8 老缅谷的基本特征特性鉴定结果（鉴定地点：云南弥勒）

品种名称	有效穗/个	株高/cm	穗长/cm	剑叶角度/级	抗倒伏	落粒性	穗粒数/粒	结实率/%	千粒重/g	子粒长宽比
老缅谷	6.9	102.1	26.7	1	1	9	138.3	86.1	31.9	3.35

【优异性状】老缅谷是从缅甸引进的品种，在当地已有20年的种植历史。该品种稻米品质优，米软，口感好，香味浓，外观品质优，产量在350kg/667m²左右。

【利用价值】现直接应用于生产，或可作为水稻育种的亲本，特别是作为品质育种的亲本。

图 1.8 老缅谷子粒和田间表现

9. 紫糯

【学名】紫糯是亚洲栽培稻 (*Oryza sativa* L.) 的一个品种。

【采集号与采集地】采集编号：2008532610。采集地点：云南省西盟县勐梭镇里拉村。

【基本特征特性】基本特征特性鉴定结果见表 1.9。

表 1.9 紫糯的基本特征特性鉴定结果（鉴定地点：云南弥勒）

品种名称	有效穗/个	株高/cm	穗长/cm	剑叶角度/级	抗倒伏	落粒性	穗粒数/粒	结实率/%	千粒重/g	子粒长宽比
紫糯	5	132.2	23.8	7	1	1	123	76.1	22.0	2.58

【优异性状】紫糯是当地水稻品质优良的籼型糯稻品种，已有 50 多年的种植历史。该品种稻米品质优，口感好，节日时可做成粑粑食用；也可作为药用，断骨时加草药外敷有助于恢复，还可做稀饭，具有滋补之效。

【利用价值】现直接应用于生产，或可作为水稻育种的亲本，特别是糯稻品种改良的亲本，也可作为水稻药用功能研究的基础材料。

图 1.9 紫糯子粒和田间表现

10. 鸡血糯

【学名】鸡血糯是亚洲栽培稻 (*Oryza sativa* L.) 的一个品种。

【采集号与采集地】采集编号：2008534049。采集地点：云南省陇川县勐约乡邦瓦村。

【基本特征特性】基本特征特性鉴定结果见表 1.10。

表 1.10　鸡血糯的基本特征特性鉴定结果（鉴定地点：云南弥勒）

品种名称	有效穗 / 个	株高 /cm	穗长 /cm	剑叶角度 / 级	抗倒伏	落粒性	穗粒数 / 粒	结实率 /%	千粒重 /g	子粒长宽比
鸡血糯	4.9	93.4	24.5	1	1	9	133.7	79.9	20.1	3.41

【优异性状】鸡血糯为当地优良的籼型糯稻品种。该品种营养价值高，米汤可补血，具有药用价值。当地景颇族过节时将其做成糯米粑粑食用或作为清明节祭祀贡品。该品种抗稻瘟病和稻飞虱，耐肥性较好。

【利用价值】现直接应用于生产，或可作为水稻育种的亲本，特别是紫米或糯稻品种改良的亲本，也可作为水稻药用功能研究的基础材料。

图 1.10　鸡血糯子粒和粑粑

11. 十里香糯谷

【学名】十里香糯谷是亚洲栽培稻 (*Oryza sativa* L.) 的一个品种。
【采集号与采集地】采集编号：2007532123。采集地点：云南省泸水县鲁掌镇鲁祖村。
【基本特征特性】基本特征特性鉴定结果见表 1.11。

表 1.11　十里香糯谷的基本特征特性鉴定结果（鉴定地点：云南弥勒）

品种名称	有效穗 / 个	株高 /cm	穗长 /cm	剑叶角度 / 级	抗倒伏	落粒性	穗粒数 / 粒	结实率 /%	千粒重 /g	子粒长宽比
十里香糯谷	5.1	135	25.8	1	1	9	189.4	83.9	29.1	2.62

【优异性状】十里香糯谷为当地优良的糯稻品种。该品种因其一家煮饭，十里飘香而得名，其香味浓，品质优，当地民众还认为其抗病虫，耐贫瘠。

【利用价值】现直接应用于生产，或可作为水稻香米品种选育的亲本。

图 1.11　十里香糯谷子粒

12. 勐来香米

【**学名**】勐来香米是亚洲栽培稻 (*Oryza sativa* L.) 的一个品种。

【**采集号与采集地**】采集编号：2008532291。采集地点：云南省沧源县勐来乡民良村。

【**基本特征特性**】基本特征特性鉴定结果见表 1.12。

表 1.12 勐来香米的基本特征特性鉴定结果（鉴定地点：云南弥勒）

品种名称	有效穗/个	株高/cm	穗长/cm	剑叶角度/级	抗倒伏	落粒性	穗粒数/粒	结实率/%	千粒重/g	子粒长宽比
勐来香米	6.6	106	26	1	1	9	107	80.4	30.5	3.41

【**优异性状**】勐来香米是当地水稻品质优良的品种，在当地仅有 10 多年的种植历史，最初是当地人从亲戚家换种而来。该品种稻米品质优，口感好，香味浓，产量在 400kg/667m^2 左右。

【**利用价值**】现直接应用于生产，或可作为水稻育种的亲本，特别是作为香米育种的亲本。

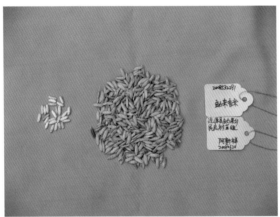

图 1.12 勐来香米子粒和田间表现

13. 云香糯

【**学名**】云香糯是亚洲栽培稻 (*Oryza sativa* L.) 的一个品种。

【**采集号与采集地**】采集编号：2008532334。采集地点：云南省沧源县芒卡镇芒岗村。

【**基本特征特性**】基本特征特性鉴定结果见表 1.13。

表 1.13　云香糯的基本特征特性鉴定结果（鉴定地点：云南弥勒）

品种名称	有效穗 / 个	株高 /cm	穗长 /cm	剑叶角度 / 级	抗倒伏	落粒性	穗粒数 / 粒	结实率 /%	千粒重 /g	子粒长宽比
云香糯	5.7	104.4	24.7	1	1	9	138.4	83.6	28.5	2.73

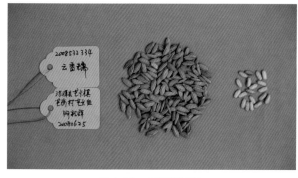

图 1.13　云香糯子粒

【优异性状】云香糯为当地优良的糯稻品种，在当地已有 20 多年的种植历史，最初是当地人与亲戚换种而来。该品种品质优，糯性好，饭香，子粒外观品质优，耐贫瘠性较好。

【利用价值】现直接应用于生产，或可作为糯稻育种的亲本。

14. 细糯谷

【学名】细糯谷是亚洲栽培稻（*Oryza sativa* L.）的一个品种。

【采集号与采集地】采集编号：2008533385。采集地点：云南省元江县澧江镇龙潭村。

【基本特征特性】基本特征特性鉴定结果见表 1.14。

表 1.14　细糯谷的基本特征特性鉴定结果（鉴定地点：云南弥勒）

品种名称	有效穗 / 个	株高 /cm	穗长 /cm	剑叶角度 / 级	抗倒伏	落粒性	穗粒数 / 粒	结实率 /%	千粒重 /g	子粒长宽比
细糯谷	5.6	93.4	25	1	1	9	134.6	73.7	25.3	3.14

【优异性状】细糯谷为当地优良的糯稻品种，已有 70 多年的种植历史。如今当地多数农户仍种植该品种，但每户仅种植 $334m^2$ 左右。该品种品质优，糯性好，口感佳，抗病虫，产量高。

【利用价值】现直接应用于生产，或可作为糯稻品种选育的亲本。

图 1.14　细糯谷子粒和田间表现

15. 黄皮糯

【学名】黄皮糯是亚洲栽培稻（*Oryza sativa* L.）的一个品种。

【采集号与采集地】采集编号：2007532371。采集地点：云南省勐海县勐阿镇。

【基本特征特性】基本特征特性鉴定结果见表 1.15。

表 1.15　黄皮糯的基本特征特性鉴定结果（鉴定地点：云南弥勒）

品种名称	有效穗/个	株高/cm	穗长/cm	剑叶角度/级	抗倒伏	落粒性	穗粒数/粒	结实率/%	千粒重/g	子粒长宽比
黄皮糯	5.2	84.4	24	1	1	9	152.8	83.5	25.2	2.54

【优异性状】黄皮糯为当地优良的糯稻品种，已有 50 多年的种植历史。该品种品质优，糯性好，口感好，抗病虫，子粒外观品质优，株型好，产量高。

【利用价值】现直接应用于生产，或可作为糯稻品种选育的亲本。

图 1.15　黄皮糯子粒和田间表现

16. 吊谷

【学名】吊谷是亚洲栽培稻 (*Oryza sativa* L.) 的一个品种。

【采集号与采集地】采集编号：2008532559。采集地点：云南省巧家县中寨乡中寨村。

【基本特征特性】基本特征特性鉴定结果见表 1.6。

表 1.16　吊谷的基本特征特性鉴定结果（鉴定地点：云南弥勒）

品种名称	有效穗/个	株高/cm	穗长/cm	剑叶角度/级	抗倒伏	落粒性	穗粒数/粒	结实率/%	千粒重/g	子粒长宽比
吊谷	4.9	98.9	22.4	1	1	9	167.1	78.0	25.2	2.49

【优异性状】吊谷为当地优良的水稻品种。该品种品质优，口感好，抗病虫，抗干旱，株型好，产量高，产量在 $500 \sim 560 \text{kg}/667 \text{m}^2$。

【利用价值】现直接应用于生产，或可作为高产育种的亲本。

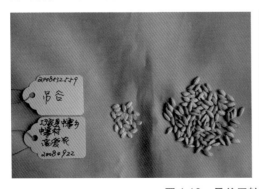

图 1.16　吊谷子粒和田间表现

17. 瑶家红谷

【学名】瑶家红谷是亚洲栽培稻 (*Oryza sativa* L.) 的一个品种。

【采集号与采集地】采集编号：2008534470。采集地点：云南省江城县康平乡瑶家山村。

【基本特征特性】基本特征特性鉴定结果见表1.17。

表 1.17　瑶家红谷的基本特征特性鉴定结果（鉴定地点：云南弥勒）

品种名称	有效穗 / 个	株高 /cm	穗长 /cm	剑叶角度 / 级	抗倒伏	落粒性	穗粒数 / 粒	结实率 /%	千粒重 /g	子粒长宽比
瑶家红谷	11.3	114.9	24.7	1	1	9	150.7	77.3	25.2	2.49

【优异性状】瑶家红谷为当地优良的水稻品种。该品种品质优，口感好，米软，出饭率高，冷饭不回生，抗病虫，产量较高，产量在350~400kg/667m²。该品种因比当地其他品种适应性强，而被当地农民保留了下来。

【利用价值】现直接应用于生产，或可作为品质育种的亲本。

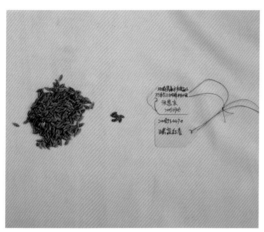

图 1.17　瑶家红谷子粒和田间表现

18. 红根细

【学名】红根细是亚洲栽培稻 (*Oryza sativa* L.) 的一个品种。

【采集号与采集地】采集编号：2008534145。采集地点：云南省陇川县清平乡大场村。

【基本特征特性】基本特征特性鉴定结果见表1.18。

表 1.18　红根细的基本特征特性鉴定结果（鉴定地点：云南弥勒）

品种名称	有效穗 / 个	株高 /cm	穗长 /cm	剑叶角度 / 级	抗倒伏	落粒性	穗粒数 / 粒	结实率 /%	千粒重 /g	子粒长宽比
红根细	6.6	144.8	30.7	5	7	5	165.4	90.2	26.3	3.46

【优异性状】红根细为当地优良的籼型水稻品种，在当地已有100多年的种植历史。该品种品质优，米硬，适合做凉粉、米线。子粒细长型，长宽比达3.46，外观品质优。

【利用价值】现直接应用于生产，或可作为品质育种的亲本。

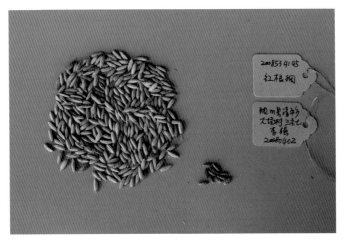

图 1.18　红根细子粒

19. 早熟稻

【学名】早熟稻是亚洲栽培稻 (*Oryza sativa* L.) 的一个品种。

【采集号与采集地】采集编号：2008533686。采集地点：云南省孟连县娜允镇南雅村。

【基本特征特性】基本特征特性鉴定结果见表 1.19。

表 1.19　早熟稻的基本特征特性鉴定结果（鉴定地点：云南弥勒）

品种名称	有效穗 / 个	株高 /cm	穗长 /cm	剑叶角度 / 级	抗倒伏	落粒性	穗粒数 / 粒	结实率 /%	千粒重 /g	子粒长宽比
早熟稻	5.4	153	25.4	5	7	5	217.2	76.9	27.6	3.22

【优异性状】早熟稻在当地已种植 100 多年，口味好，早熟，抗病虫害，抗倒伏。

【利用价值】现直接应用于生产，或可作为早熟品种选育的亲本。

图 1.19　早熟稻子粒和田间表现

20. 难打谷

【学名】难打谷是亚洲栽培稻 (*Oryza sativa* L.) 的一个品种。

【采集号与采集地】采集编号：2008532447。采集地点：云南省沧源县勐角乡翁丁村。

【基本特征特性】基本特征特性鉴定结果见表 1.20。

表 1.20 难打谷的基本特征特性鉴定结果（鉴定地点：云南弥勒）

品种名称	有效穗 / 个	株高 /cm	穗长 /cm	剑叶角度 / 级	抗倒伏	落粒性	穗粒数 / 粒	结实率 /%	千粒重 /g	子粒长宽比
难打谷	6.5	105.7	21.3	5	1	7	165.8	83.0	22.8	2.16

【优异性状】难打谷在当地已有 60 多年的种植历史，具有较高的耐冷性，适宜在海拔 1500m 以上区域进行种植。该品种耐贫瘠，在低磷或低氮田块仍长势良好，具有较高的产量。

【利用价值】现直接应用于生产，或可作为水稻育种的亲本，特别是作为耐贫瘠和耐冷性育种的亲本。

图 1.20 难打谷子粒和田间表现

21. 叶盖谷

【学名】叶盖谷是亚洲栽培稻 (*Oryza sativa* L.) 的一个品种。

【采集号与采集地】采集编号：2008531485。采集地点：云南省德钦县拖顶乡大村村。

【基本特征特性】基本特征特性鉴定结果见表 1.21。

表 1.21 叶盖谷的基本特征特性鉴定结果（鉴定地点：云南弥勒）

品种名称	有效穗 / 个	株高 /cm	穗长 /cm	剑叶角度 / 级	抗倒伏	落粒性	穗粒数 / 粒	结实率 /%	千粒重 /g	子粒长宽比
叶盖谷	7	126.3	23.1	5	7	5	225.1	74.2	25.8	2.21

【优异性状】叶盖谷具有较高的耐冷性，采集地点海拔为 1940m；耐贫瘠，在低磷或低氮田块仍长势良好，具有较高的产量，产量在 400~600kg/667m^2。该品种穗粒数较高，着粒密度大，株型较好。

【利用价值】现直接应用于生产，或可作为水稻育种的亲本，特别是作为耐贫瘠、耐冷性和高产育种的亲本。

图 1.21 叶盖谷子粒和田间表现

22. 大白糯

【学名】大白糯是亚洲栽培稻 (*Oryza sativa* L.) 的一个品种。

【采集号与采集地】采集编号：2008533405。采集地点：云南省元江县羊街乡南溪村。

【基本特征特性】基本特征特性鉴定结果见表 1.22。

表 1.22 大白糯的基本特征特性鉴定结果（鉴定地点：云南弥勒）

品种名称	有效穗 /个	株高 /cm	穗长 /cm	剑叶角度 /级	抗倒伏	落粒性	穗粒数 /粒	结实率 /%	千粒重 /g	子粒长宽比
大白糯	5.2	160.4	26.2	5	7	9	222.4	74.3	26.8	2.47

【优异性状】大白糯具有较高的耐冷性，采集地点海拔为 1837m；耐贫瘠，在低磷或低氮田块仍长势良好，在肥力较好的田块易倒伏。该品种品质优，口感好，穗粒数较高，着粒密度大。

【利用价值】现直接应用于生产，或可作为水稻育种的亲本，特别是作为耐贫瘠、耐冷性和糯稻育种的亲本。

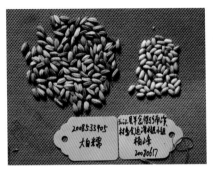  

图 1.22 大白糯子粒和田间表现

23. 高粳糯

【学名】高粳糯是亚洲栽培稻 (*Oryza sativa* L.) 的一个品种。

【采集号与采集地】采集编号：2008533424。采集地点：云南省元江县羊街乡团田村。

【基本特征特性】基本特征特性鉴定结果见表 1.23。

表 1.23 高粳糯的基本特征特性鉴定结果（鉴定地点：云南弥勒）

品种名称	有效穗 /个	株高 /cm	穗长 /cm	剑叶角度 /级	抗倒伏	落粒性	穗粒数 /粒	结实率 /%	千粒重 /g	子粒长宽比
高粳糯	5.4	158.8	24.6	7	7	9	228	76.1	23.3	1.83

【优异性状】高粳糯具有较高的耐冷性，采集地点海拔为 1812m；耐贫瘠，在低磷或低氮田块仍长势良好，在肥力较好的田块易倒伏。该品种糯性好，口感好，穗粒数较高，着粒密度较大，产量较高，适应性强。

【利用价值】现直接应用于生产，或可作为水稻育种的亲本，特别是作为耐贫瘠和糯稻育种的亲本。

图 1.23　高粳糯子粒和田间表现

24. 毫南毛

【学名】毫南毛是亚洲栽培稻 (*Oryza sativa* L.) 的一个品种。

【采集号与采集地】采集编号：2008532642。采集地点：云南省西盟县勐梭镇勐梭村。

【基本特征特性】基本特征特性鉴定结果见表 1.24。

表 1.24　毫南毛的基本特征特性鉴定结果（鉴定地点：云南弥勒）

品种名称	有效穗 / 个	株高 /cm	穗长 /cm	剑叶角度 / 级	抗倒伏	落粒性	穗粒数 / 粒	结实率 /%	千粒重 /g	子粒长宽比
毫南毛	6.4	117.3	25	3	1	1	184.3	84.0	28.5	2.65

【优异性状】毫南毛耐贫瘠性较好，在低磷或低氮田块仍长势良好，施肥与不施肥条件下差异不明显。该品种品质优，糯性好，带有香味，在节日时可做糯米粑粑。

【利用价值】现直接应用于生产，或可作为水稻育种的亲本，特别是作为耐贫瘠或糯稻育种的亲本。

图 1.24　毫南毛子粒和田间表现

25.Qiushi

【学名】Qiushi 是亚洲栽培稻 (*Oryza sativa* L.) 的一个品种。

【采集号与采集地】采集编号：2007534490。采集地点：云南省贡山县普拉底乡腊早村。

【基本特征特性】基本特征特性鉴定结果见表 1.25。

表 1.25　Qiushi 的基本特征特性鉴定结果（鉴定地点：云南弥勒）

品种名称	有效穗 / 个	株高 /cm	穗长 /cm	剑叶角度 / 级	抗倒伏	落粒性	穗粒数 / 粒	结实率 /%	千粒重 /g	子粒长宽比
Qiushi	4.6	144.2	27.8	9	5	1	208.8	86.0	22.6	2.17

【优异性状】Qiushi 在当地已有上百年种植历史，耐贫瘠性较好，在低磷或低氮田块仍长势良好。该品种耐冷性较好，可在海拔 1900m 左右的区域种植。

【利用价值】现直接应用于生产，或可作为水稻育种的亲本，特别是作为耐贫瘠或耐冷性育种的亲本。

图 1.25　Qiushi 子粒和田间表现

26. 粗三百籽

【学名】粗三百籽是亚洲栽培稻 (*Oryza sativa* L.) 的一个品种。

【采集号与采集地】采集编号：2008534565。采集地点：云南省江城县曲水乡田心村。

【基本特征特性】基本特征特性鉴定结果见表 1.26。

表 1.26　粗三百籽的基本特征特性鉴定结果（鉴定地点：云南弥勒）

品种名称	有效穗 / 个	株高 /cm	穗长 /cm	剑叶角度 / 级	抗倒伏	落粒性	穗粒数 / 粒	结实率 /%	千粒重 /g	子粒长宽比
粗三百籽	13	157.7	28.0	5	5	9	158	85.2	25.6	2.35

【优异性状】粗三百籽是当地品质优良的品种，已有 100 多年的种植历史。该品种稻米品质优，口感好，外观好，稳产性较好，产量在 250kg/667m^2 左右。耐贫瘠，不喜肥，肥力太大易倒伏。

【利用价值】现直接应用于生产，或可作为水稻育种的亲本，特别是优质和耐贫瘠育种的亲本。

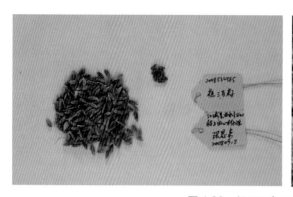

图 1.26　粗三百籽子粒和田间表现

27. 月亮谷

【**学名**】月亮谷是亚洲栽培稻（*Oryza sativa* L.）的一个品种。

【**采集号与采集地**】采集编号：2007533399。采集地点：云南省元阳县新街镇土锅寨村。

【**基本特征特性**】基本特征特性鉴定结果见表 1.27。

表 1.27　月亮谷的基本特征特性鉴定结果（鉴定地点：云南弥勒）

品种名称	有效穗 / 个	株高 /cm	穗长 /cm	剑叶角度 / 级	抗倒伏	落粒性	穗粒数 / 粒	结实率 /%	千粒重 /g	子粒长宽比
月亮谷	8.4	166.3	26.5	1	1	9	164.6	90.6	23.4	2.79

【**优异性状**】月亮谷为籼型品种，是当地民族最喜欢的红米品种之一，该品种在当地已有 100 多年的种植历史。该品种稻米品质优，口感好。该品种虽为籼稻，但具有较高的耐冷性，可在元阳哈尼梯田海拔 1500~1800m 进行种植。此外，分蘖力强，抗倒伏能力很好。

【**利用价值**】现直接应用于生产，或可作为水稻育种的亲本，特别是作为品质育种的亲本。

图 1.27　月亮谷子粒和田间表现

28. 麻线谷

【学名】麻线谷是亚洲栽培稻 (*Oryza sativa* L.) 的一个品种。

【采集号与采集地】采集编号：2008534376。采集地点：云南省景谷县威远镇那卡村。

【基本特征特性】基本特征特性鉴定结果见表1.28。

表 1.28 麻线谷的基本特征特性鉴定结果（鉴定地点：云南弥勒）

品种名称	有效穗/个	株高/cm	穗长/cm	剑叶角度/级	抗倒伏	落粒性	穗粒数/粒	结实率/%	千粒重/g	子粒长宽比
麻线谷	5.2	84.4	24	1	1	9	152.8	83.5	25.2	2.54

【优异性状】麻线谷是当地最受欢迎的水稻品种，已有100多年的种植历史。该品种品质优，饭软，香味浓，还可以与其他米制成凉粉、米皮等食品。该品种抗稻瘟病，耐冷性强，采集地点海拔为1882m，适合高寒山区冷水田种植。

【利用价值】现直接应用于生产，或可作为品质或耐冷性品种选育的亲本。

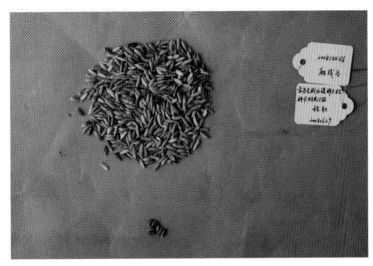

图 1.28 麻线谷子粒

29. 云南小红谷

【学名】云南小红谷是亚洲栽培稻 (*Oryza sativa* L.) 的一个品种。

【采集号与采集地】采集编号：2008534092。采集地点：云南省陇川县勐约乡邦瓦村。

【基本特征特性】基本特征特性鉴定结果见表1.29。

表 1.29 云南小红谷的基本特征特性鉴定结果（鉴定地点：云南弥勒）

品种名称	有效穗/个	株高/cm	穗长/cm	剑叶角度/级	抗倒伏	落粒性	穗粒数/粒	结实率/%	千粒重/g	子粒长宽比
云南小红谷	7	158.1	24.3	3	7	9	130.2	95.4	28.3	2.39

【优异性状】云南小红谷在当地已有200多年的种植历史。该品种米质好，口感劲道，可做凉粉或红米线。该品种最大特点是耐冷性强，可在海拔1400m以上的冷泉水田中种植，在弥勒县鉴定结实率为95.4%，在昆明海拔1912m的试验田鉴定其结实率为91.5%。该品

种抗稻瘟病，抗稻飞虱和叶蝉，耐贫瘠。

【利用价值】可作为耐冷性研究的基础材料。

图 1.29　云南小红谷子粒

30. 老佤谷

【学名】老佤谷是亚洲栽培稻 (*Oryza sativa* L.) 的一个品种。

【采集号与采集地】采集编号：2008532027。采集地点：云南省澜沧县东回乡回竜村。

【基本特征特性】基本特征特性鉴定结果见表 1.30。

表 1.30　老佤谷的基本特征特性鉴定结果（鉴定地点：云南弥勒）

品种名称	有效穗 / 个	株高 /cm	穗长 /cm	剑叶角度 / 级	抗倒伏	落粒性	穗粒数 / 粒	结实率 /%	千粒重 /g	子粒长宽比
老佤谷	5.6	140.1	22.9	5	7	9	121.7	93.9	24.7	2.06

【优异性状】老佤谷耐冷性强，在弥勒鉴定结实率为 93.9%，在昆明海拔 1912m 的试验田鉴定其结实率为 95.2%；早熟，比其他地方品种早熟 1 个月左右；米质较好。

【利用价值】可作为耐冷性研究的基础材料或作为培育早熟品种的亲本。

图 1.30　老佤谷子粒

31. 冷水谷

【学名】冷水谷是亚洲栽培稻（*Oryza sativa* L.）的一个品种。

【采集号与采集地】采集编号：2008532299。采集地点：云南省沧源县勐来乡拱弄村。

【基本特征特性】基本特征特性鉴定结果见表1.31。

表 1.31　冷水谷的基本特征特性鉴定结果（鉴定地点：云南弥勒）

品种名称	有效穗/个	株高/cm	穗长/cm	剑叶角度/级	抗倒伏	落粒性	穗粒数/粒	结实率/%	千粒重/g	子粒长宽比
冷水谷	8.4	146.6	29.1	1	7	5	171.6	79.4	20.5	2.04

【优异性状】冷水谷具有较高的耐冷性，适宜在海拔1600m以上区域进行种植；耐贫瘠，在低磷或低氮田块仍长势良好，具有较高的产量，在肥力较高的地块易倒伏。该品种品质优，蒸煮后米饭软硬度适中，口感好。

【利用价值】现直接应用于生产，或可作为水稻育种的亲本，特别是作为耐贫瘠和耐冷性育种的亲本。

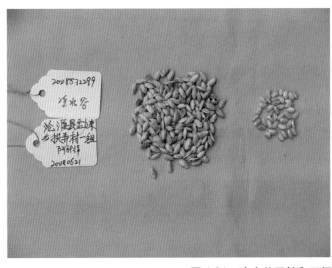

图 1.31　冷水谷子粒和田间表现

32. 黑节巴

【学名】黑节巴是亚洲栽培稻（*Oryza sativa* L.）的一个品种。

【采集号与采集地】采集编号：2007534539。采集地点：云南省勐腊县象明乡倚邦村。

【基本特征特性】基本特征特性鉴定结果见表1.32。

表 1.32　黑节巴的基本特征特性鉴定结果（鉴定地点：云南弥勒）

品种名称	有效穗/个	株高/cm	穗长/cm	剑叶角度/级	抗倒伏	落粒性	穗粒数/粒	结实率/%	千粒重/g	子粒长宽比
黑节巴	5.3	148	24.9	7	1	9	231.8	93.5	24.7	1.90

【优异性状】黑节巴为当地优良陆稻品种，在当地已有100多年的种植历史。该品种最突出的特点是抗旱性非常强，通过调查分蘖数、生育期、有效穗、株高、穗长、穗颈节

粗、实粒数、穗粒数、结实率、子粒宽、倒二节间长等性状并计算抗旱隶属函数及利用灰色关联度分析抗旱性，结果表明，其抗旱隶属函数数值为 0.81，灰色关联度为 0.742，在所有参试材料中均为最高值，因此该材料抗旱能力很强。

【利用价值】现直接应用于生产，或可作为培育抗旱品种的亲本材料和抗旱研究的优异材料。

图 1.32　黑节巴穗部

33. 曼皮红米

【学名】曼皮红米是亚洲栽培稻 (*Oryza sativa* L.) 的一个品种。
【采集号与采集地】采集编号：2007532443。采集地点：云南省勐海县西定乡曼皮村。
【基本特征特性】基本特征特性鉴定结果见表 1.33。

表 1.33　曼皮红米的基本特征特性鉴定结果（鉴定地点：云南弥勒）

品种名称	有效穗 / 个	株高 /cm	穗长 /cm	剑叶角度 / 级	抗倒伏	落粒性	穗粒数 / 粒	结实率 /%	千粒重 /g	子粒长宽比
曼皮红米	5.1	148.4	28.3	9	1	9	217.7	90.1	25.5	2.96

【优异性状】曼皮红米为当地最受欢迎的陆稻品种，已有 200 多年的种植历史。该品种品质优，口感好，子粒光壳，抗旱能力强，抗病虫，旱地种植产量在 300kg/667m^2 左右。

【利用价值】现直接应用于生产，或可作为品质育种的亲本或抗旱研究的基础材料。

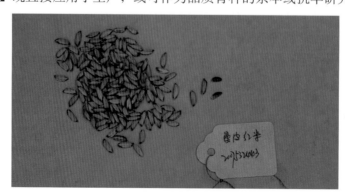

图 1.33　曼皮红米子粒

34. 旱香糯

【学名】旱香糯是亚洲栽培稻 (*Oryza sativa* L.) 的一个品种。

【采集号与采集地】采集编号：2008534058。采集地点：云南省陇川县勐约乡瓦幕村。

【基本特征特性】基本特征特性鉴定结果见表 1.34。

表 1.34　旱香糯的基本特征特性鉴定结果（鉴定地点：云南弥勒）

品种名称	有效穗 / 个	株高 /cm	穗长 /cm	剑叶角度 / 级	抗倒伏	落粒性	穗粒数 / 粒	结实率 /%	千粒重 /g	子粒长宽比
旱香糯	4.4	102.6	25.7	5	1	9	139.9	69.4	31.3	2.79

【优异性状】旱香糯为当地优良的陆糯稻品种，在当地已有 100 多年的种植历史。该品种糯性好，品质优，抗稻瘟病，抗稻飞虱，耐冷性及耐旱性均较好。该品种稻米只有在过年和婚丧嫁娶时食用，市场价是普通大米的 2.5 倍。

【利用价值】现直接应用于生产，或由于综合性状优良，可作为品质育种和抗病虫育种的亲本。

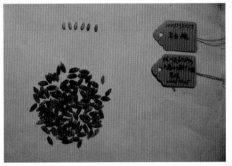

图 1.34　旱香糯子粒和田间表现

35. 镰刀谷

【学名】镰刀谷是亚洲栽培稻 (*Oryza sativa* L.) 的一个品种。

【采集号与采集地】采集编号：2008532029。采集地点：云南省澜沧县东回乡回竜村。

【基本特征特性】基本特征特性鉴定结果见表 1.35。

表 1.35　镰刀谷的基本特征特性鉴定结果（鉴定地点：云南弥勒）

品种名称	有效穗 / 个	株高 /cm	穗长 /cm	剑叶角度 / 级	抗倒伏	落粒性	穗粒数 / 粒	结实率 /%	千粒重 /g	子粒长宽比
镰刀谷	6.3	141.4	27.1	9	1	9	144.1	81.0	24.4	2.69

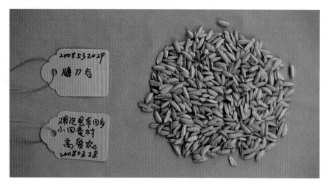

图 1.35　镰刀谷子粒

【优异性状】镰刀谷为当地最优良的陆稻品种，已有 60 多年的种植历史。该品种品质优，口感好，抗旱性强，抗黄矮病。当地几乎家家户户都在种植，种植总面积在 20hm² 左右。

【利用价值】现直接应用于生产，或可作为品质育种或抗旱育种的亲本。

36. 红米

【学名】红米是亚洲栽培稻 (*Oryza sativa* L.) 的一个品种。

【采集号与采集地】采集编号：2010514359。采集地点：四川省得荣县白松乡日麦村。

【基本特征特性】基本特征特性鉴定结果见表 1.36。

表 1.36　红米的基本特征特性

品种名称	株高 /cm	穗长 /cm	抗倒伏	粒色	产量 /(kg/667m²)
红米	130.0	16.0	不抗	深红	400

【优异性状】红米具有上百年栽培历史，是得荣县纳西族特有的作物，其在栽培技术上具有神秘感。该品种能适应当地海拔 2800m 左右的环境 (本资源生长地块海拔

图 1.36　红米子粒和田间表现

2780m)，一般在 3~4 月份撒播，10 月份成熟，穗长 16.0cm 左右，株高 130.0cm 左右，不抗倒伏，米深红色，产量在 400kg/667m² 左右。该品种主要用来做稀饭吃，据说对风湿、糖尿病有一定的疗效。

【利用价值】现在四川省甘孜藏族自治州得荣县直接应用于生产，当地纳西族有种植，是目前所知种植海拔最高的水稻品种，对育种有重要意义。

（徐福荣　张恩来　汤翠凤　蔡光泽）

第二节　麦类优异种质资源

云南及周边地区生物资源调查涵盖了云南 31 个县（市），四川甘孜藏族自治州、凉山彝族自治州 8 个县（市）和西藏自治区 2 个县（市）。在云南除河口、瑞丽、江城、腾冲没有收集到麦类资源外，在其他各县（市）共收集到麦类资源 359 份，除其中 26 份为小麦近缘野生种未采集到种子外，其余都收集到了种子。

此次调查经纬度跨度大，经度横跨 5° 多，纬度相差 9°；地形复杂，有山地、平坝、河谷等；地域属低纬高原，从低热河谷、温凉坝区到丘陵及高寒山区，涉及亚热带、温带、寒带等多个气候类型，海拔从 300m 到 3600m。另外，云南及周边地区有 25 个世居少数民族，各民族有自己独特的民俗文化、饮食、耕种文化，此次调查涉及 12 个民族，丰富多彩的民族传统文化，造就了丰富多样的麦种种质资源。

通过对收集到的麦类资源进行整理、繁殖与初步鉴定，发现具有种子的 333 份资源中，包括小麦 143 份、大麦 143 份、燕麦 44 份、黑麦 3 份。从 2007 年开始，在适宜季节及时播种鉴定，采用田间观察和室内考种相结合、旱地和水浇地轮流种植观察相结合的方法进行鉴定。鉴定内容包括出苗期、抽穗期、成熟期、生育期、苗色、冬春性、幼苗习性、叶耳色、茎秆色、花药色、粒色、壳色、芒色、芽鞘色、芒、整齐度、穗形、叶姿、叶型、熟相、品种类型、株高、粒质、颖肩、颖嘴、株型、茎秆弹性、株高、穗长、穗密度、壳毛、粒形、腹沟深浅、腹沟宽窄、冠毛、子粒饱满度、落粒性、每穗小穗数、不孕小穗数、穗粒数、每穗粒重、千粒重、苗叶（长、宽）、旗叶大小（长、宽）、有效分蘖、蜡质厚薄（秆、叶、穗）、茎秆粗细、抗病性（条锈病、叶锈病、秆锈病、白粉病）、抗旱性、抗寒性等 50 余项。经过与国家作物种质库已保存的相应 41 个县（市）的麦种种质资源进行比对，有 4 个县（市）的 10 份种质资源与国家作物种质库已保存的资源同名，但这些资源都已经过了 30 多年人工与自然的选择，遗传特性可能发生了改变，故仍保留予以鉴定。通过对生育期、农艺性状、抗逆性的全面鉴定，发现品种间差异较大，遗传多样性较丰富，部分品种抗旱性、抗病性较强，有的品种特早熟。

本节介绍了云南 5 份、四川 4 份、西藏 1 份麦类优异种质资源。

37. 七街 76-4

【学名】七街 76-4 是普通小麦（*Triticum aestivum* L.）的一个品种。

【采集号与采集地】采集编号：2008531336。采集地点：云南省大姚县金碧镇七街村。

【基本特征特性】基本特征特性鉴定结果见表 1.37。

表 1.37　七街 76-4 的基本特征特性鉴定结果（鉴定地点：云南昆明）

品种名称	有效穗 / 个	株高 /cm	穗长 /cm	熟性	抗倒伏度	植株整齐度	穗粒数 / 粒	结实率 /%	千粒重 /g	株型
七街 76-4	3	88	11.6	1	1	3	31	91.5	56	3

【优异性状】七街 76-4 属于特早熟抗旱类型，抗条锈病，子粒大小中等，粒红色，饱满。

【利用价值】现直接应用于生产，或可作为小麦育种的亲本，特别是早熟品系的亲本。

图 1.37　七街 76-4 子粒和田间表现

38. 抗锈麦

【学名】抗锈麦是普通小麦 (*Triticum aestivum* L.) 的一个品种。

【采集号与采集地】采集编号：2008535431。采集地点：云南省永德县乌木龙乡乌木龙村。

【基本特征特性】基本特征特性鉴定结果见表 1.38。

表 1.38　抗锈麦的基本特征特性鉴定结果（鉴定地点：云南昆明）

品种名称	有效穗 / 个	株高 /cm	穗长 /cm	熟性	抗倒伏度	植株整齐度	穗粒数 / 粒	结实率 /%	千粒重 /g	株型
抗锈麦	5	85	9	2	1	1	39	86.7	47	3

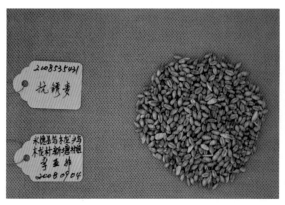

图 1.38　抗锈麦子粒和田间表现

【优异性状】抗锈麦高抗条锈病，抗蚜虫，耐低温，耐瘠薄，耐粗放管理。该品种株高 85cm，穗长 9cm，长芒，子粒大小中等，粉质，口感好。

【利用价值】现直接应用于生产，或可作为抗病育种的亲本，特别是抗条锈病育种的亲本。

39. 波乍青稞

【学名】波乍青稞是大麦 (*Hordeum vulgare* L.) 的一个品种。

【采集号与采集地】采集编号：2008531252。采集地点：云南省大姚县三台乡多底河村。

【基本特征特性】基本特征特性鉴定结果见表 1.39。

表 1.39　波乍青稞的基本特征特性鉴定结果（鉴定地点：云南昆明）

品种名称	有效穗 / 个	株高 /cm	穗长 /cm	熟性	抗倒伏度	植株整齐度	穗粒数 / 粒	结实率 /%	千粒重 /g	株型
波乍青稞	5	100	12	2	1	1	56.5	98.6	47	3

【优异性状】波乍青稞高抗白粉病，耐旱，抗寒，耐瘠薄。该品种株高 100cm，穗长 12cm，长芒，子粒大小中等。用该品种酿酒，出酒率高，酒香；当米饭吃，口感好。

【利用价值】现直接应用于生产，或可作为抗病育种的亲本，特别是抗白粉病育种的亲本。

图 1.39　波乍青稞子粒和田间表现

40. 耐旱麦

【学名】耐旱麦是普通小麦 (*Triticum aestivum* L.) 的一个品种。

【采集号与采集地】采集编号：2007531315。采集地点：云南省剑川县沙溪镇庆华村。

【基本特征特性】基本特征特性鉴定结果见表 1.40。

表 1.40　耐旱麦的基本特征特性鉴定结果（鉴定地点：云南昆明）

品种名称	有效穗 / 个	株高 /cm	穗长 /cm	熟性	抗倒伏度	植株整齐度	穗粒数 / 粒	结实率 /%	千粒重 /g	株型
耐旱麦	4	129	14.6	3	1	3	58	79.4	28.47	3

【优异性状】耐旱麦抗旱能力强、耐瘠薄、耐寒、抗白粉病、抗条锈病。茎秆弹性好，

抗倒伏能力强。

【利用价值】现直接应用于生产，用作冬春季节抗旱栽培坡地作物。

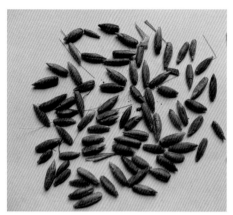

图 1.40　耐旱麦子粒和田间表现

41.Muzixi

该品种名称是由当地群众发音的音调拼写而得名。

【学名】Muzixi 是大粒裸燕麦 (*Avena nuda* L.) 的一个品种。

【采集号与采集地】采集编号：2007534475。采集地点：云南省贡山县普拉底乡力透底村。

【基本特征特性】基本特征特性鉴定结果见表 1.41。

表 1.41　Muzixi 的基本特征特性鉴定结果（鉴定地点：云南弥勒）

品种名称	有效穗 /个	株高 /cm	穗长 /cm	旗叶角度	抗倒伏	落粒性	穗粒数 /粒	结实率 /%	千粒重 /g	熟性
Muzixi	4.7	51	27.5	1	1	9	129.7	75.3	20.11	1

【优异性状】Muzixi 属于裸粒型特早熟类型，生育期 153d，较其他品种早熟 30~40d。落粒性好，分蘖能力强，抗干旱、抗白粉病和散黑穗病，抗蚜虫。该品种矮秆，侧散型穗，株高一般为 40~50cm，抗倒伏力强。

【利用价值】现直接应用于生产，或可作为燕麦育种的亲本，特别是早熟品系的亲本。

图 1.41　Muzixi 子粒和田间表现

42. 白小麦

该品种因其子粒白色而得名。

【学名】白小麦是普通小麦 (*Triticum aestivum* L.) 的一个品种，当地俗称巴珠小麦。

【采集号与采集地】采集编号：2010546303。采集地点：西藏芒康县木许乡木许村。

【基本特征特性】基本特征特性鉴定结果见表 1.42。

表 1.42　白小麦的基本特征特性鉴定结果（鉴定地点：四川成都双流）

品种名称	株高 /cm	有效分蘖数 / 个	小穗数 / 个	穗粒数 / 粒	单株粒重 /g	千粒重 /g	子粒颜色	条锈病	白粉病	总淀粉含量 /%	直链淀粉含量 /%	沉降值 (SDS)/mL
白小麦	90	6	16	40	10.36	40.39	白	高抗	高抗	60.20	18.22	17

【优异性状】 白小麦属于特殊的 *Wx-B1* 缺失自然突变体。其子粒的总淀粉含量为 60.20%，直链淀粉含量为 18.22%。田间抗性鉴定发现其高抗条锈病和高抗白粉病。株高适中，一般为 90cm 左右，抗倒伏力强。

【利用价值】 现在西藏自治区芒康县直接应用于生产，可作为小麦育种的亲本，特别是特殊的 *GBSSI* (*Wx*) 缺失类型育种的亲本。

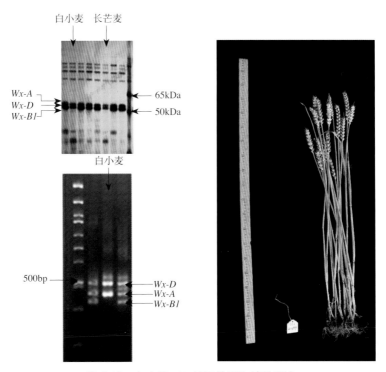

图 1.42　白小麦 *Wx* 基因检测和植株形态

43. 阿巴小麦

【学名】阿巴小麦是普通小麦 (*Triticum aestivum* L.) 的一个品种，当地俗称阿巴小麦。

【采集号与采集地】采集编号：2010513479。采集地点：四川省巴塘县昌波乡锐哇村。

【基本特征特性】基本特征特性鉴定结果见表 1.43。

表 1.43　阿巴小麦的基本特征特性鉴定结果（鉴定地点：四川成都双流）

品种名称	株高 /cm	有效分蘖数 / 个	小穗数 / 个	穗粒数 / 粒	单株粒重 /g	千粒重 /g	子粒颜色	条锈病	白粉病	总淀粉含量 /%	直链淀粉含量 /%	沉降值 (SDS)/mL
阿巴小麦	147	9	20	57	15.29	40.37	白	高抗	高抗	62.90	20.86	34

【优异性状】阿巴小麦属于特殊的 *Wx-B1* 缺失自然突变体。其子粒的总淀粉含量为 62.90%，直链淀粉含量为 20.86%。田间抗性鉴定发现其高抗条锈病和高抗白粉病。高秆，株高一般为 140~150cm。

【利用价值】现在四川省巴塘县直接应用于生产，可作为小麦育种的亲本，特别是特殊的 *GBSSI* (*Wx*) 缺失类型育种的亲本。

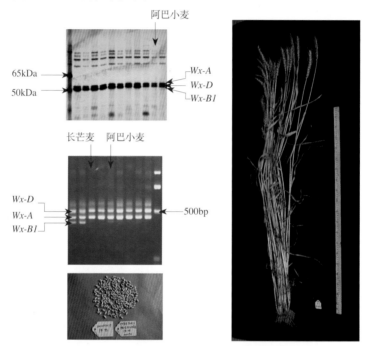

图 1.43　阿巴小麦 *Wx* 基因检测、子粒和植株形态

44. 长芒麦

该品种因芒较长而得名。

【学名】长芒麦是普通小麦 (*Triticum aestivum* L.) 的一个品种。

【采集号与采集地】采集编号：2010513319。采集地点：四川省巴塘县苏哇龙乡苏哇龙村。

【基本特征特性】基本特征特性鉴定结果见表 1.44。

表 1.44　长芒麦的基本特征特性鉴定结果（鉴定地点：四川成都双流）

品种名称	株高 /cm	有效分蘖数 / 个	小穗数 / 个	穗粒数 / 粒	单株粒重 /g	千粒重 /g	子粒颜色	条锈病	白粉病	总淀粉含量 /%	直链淀粉含量 /%	沉降值 / (SDS)/mL
长芒麦	86	7	20	64	12.03	22.63	白	高抗	高抗	54.90	15.51	30

【优异性状】　长芒麦属于特殊的 *Wx-B1* 缺失自然突变体。其子粒的总淀粉含量为 54.90%，直链淀粉含量为 15.51%。田间抗性鉴定发现其高抗条锈病和高抗白粉病。株高适中，一般为 86cm 左右。千粒重低，仅为 22.63g。

【利用价值】现在四川省巴塘县直接应用于生产，可作为小麦育种的亲本，特别是特殊的 *GBSSI* (*Wx*) 缺失类型育种的亲本。

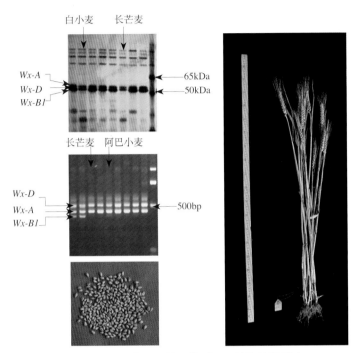

图 1.44　长芒麦 *Wx* 基因检测、子粒和植株形态

45. 子实白青稞

【学名】　子实白青稞属于大麦种 (*Hordeum vulgare* Linn.) 裸粒大麦变种 (*Hordeum vulgare* var. *nudum* HK. f.)。

【采集号与采集地】采集编号：2010514306。采集地点：四川省得荣县子庚乡子实村。

【基本特征特性】基本特征特性鉴定结果见表 1.45。

表 1.45　子实白青稞的基本特征特性鉴定结果（鉴定地点：四川成都双流）

品种名称	株高 /cm	有效分蘖数 / 个	穗粒数 / 粒	单株粒重 /g	千粒重 /g	子粒颜色	网斑病	白粉病	β- 葡聚糖含量 /%
子实白青稞	123	7	50	6.67	34.37	黑	高抗	高抗	7.83

【优异性状】　子实白青稞属于大麦种裸粒大麦变种，其子粒的 β- 葡聚糖含量较高，达 7.83%。田间抗性鉴定发现其高抗网斑病和高抗白粉病。株高一般为 120cm 左右。千粒重为 34.37g。

【利用价值】现在四川省得荣县直接应用于生产，可作为青稞育种的亲本，特别专用青稞品种选育育种的亲本。

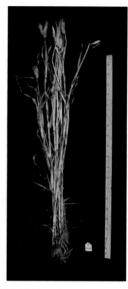

图 1.45　子实白青稞子粒和植株形态

46. 黑青稞

该品种因子粒黑色而得名。

【学名】黑青稞属于大麦种 (*Hordeum vulgare* L.) 裸粒大麦变种 (*Hordeun vulgare* var. *nudum* HK.)。

【采集号与采集地】采集编号：2010513474。采集地点：四川省巴塘县党巴乡卡贡村。

【基本特征特性】基本特征特性鉴定结果见表 1.46。

表 1.46　黑青稞的基本特征特性鉴定结果（鉴定地点：四川成都双流）

品种名称	株高 /cm	有效分蘖数 /个	穗粒数 / 粒	单株粒重 /g	千粒重 /g	子粒颜色	网斑病	白粉病	β- 葡聚糖含量 /%
黑青稞	122	7	45	5.90	34.87	黑	高抗	高抗	7.22

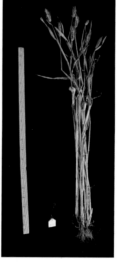

图 1.46　黑青稞子粒和植株形态

【优异性状】黑青稞属于大麦种裸粒大麦变种，其子粒的 β- 葡聚糖含量较高，达 7.22%。田间抗性鉴定发现其高抗网斑病和高抗白粉病。株高一般为 120cm 左右。千粒重为 34.87g。

【利用价值】现在四川省巴塘县直接应用于生产，可作为青稞育种的亲本，特别专用于青稞品种选育育种的亲本。

（于亚雄　程加省　邓光兵）

第三节　豆类优异种质资源

本次豆类资源的调查覆盖了云南省中部、西北部和南部主产区的部分县乡，海拔为 300~2800m。本次调查收集资源材料的样本数为 753 份，包括了普通菜豆、饭豆、大豆、豌豆、蚕豆、小豆、豇豆、藕豆、多花菜豆、小扁豆、绿豆和利马豆 7 个属 12 个种的种质资源。对收集样本按分类属性，分别在 3 个区域（昆明，温凉区域；玉溪，温暖区域；元谋，干热区域）2 个播种季节（秋播、夏播）进行了 4 年 (2007 年、2008 年、2009 年、2010 年)的田间试验鉴定。采用《豆类种质资源描述规范和数据标准》进行评价。抗病鉴定分别在温室人工接种（蚕豆锈病）和病圃自然发病（豌豆白粉病、普通菜豆炭疽病）条件下进行评价；耐旱（寒）鉴定在自然逆境条件下进行试验。评价优异的材料主要基于生产应用上的特异性、优良性等性状的突出表现，分别包括了抗病性（大田病圃鉴定为高抗、室内接种鉴定为中抗及其以上）、熟性（与对照及云南产地栽培品种比较开花期或成熟期早 15d 以上）、子粒外观形态（百粒重与试验对照种及收集品种资源比较的最高值）和产量（评价试验中与对照种比较达显著值，且是参试资源中的最高值）等性状。特性描述和评价数据取值为试验年度间、重复间的平均值。

本节介绍 23 份豆类优异种质资源。

47. 小花豆

该品种名称是当地俗称，因其种皮颜色而得名。

【学名】小花豆是普通菜豆 (*Phaseolus vulgaris* L.) 的一个品种。

【采集号与采集地】采集编号：2007531319。采集地点：云南省剑川县金华镇三河村。

【基本特征特性】基本特征特性鉴定结果见表 1.47。

表 1.47　小花豆的基本特征特性鉴定结果（鉴定地点：云南昆明）

品种名称	开花期/(m/d)	花色	生长习性	株高/cm	茎枝数/个	实荚数/个	荚长/cm	荚质类型	单荚粒数/粒	种皮色	百粒重/g	单株产量/g
小花豆	6/23	浅茄	丛生	56.20	5.00	18.10	13.54	硬	4.30	紫红花斑	41.0	28.3

m/d 表示月 / 日，后同。

【优异性状】田间自然发病调查，炭疽病发生严重度为轻（对照种为重），表现对炭疽病有较好的抗性。小花豆属丛生型的普通菜豆。

【利用价值】现直接应用于生产，或用作抗源评价。

图 1.47　小花豆植株和子粒

48. 腰子豆

该品种因其子粒形状似猪的肾脏而得名。

【学名】腰子豆是普通菜豆 (*Phaseolus vulgaris* L.) 的一个品种。

【采集号与采集地】采集编号：2007531386。采集地点：云南省剑川县沙溪镇甸头村。

【基本特征特性】基本特征特性鉴定结果见表 1.48。

表 1.48　腰子豆的基本特征特性鉴定结果（鉴定地点：云南昆明）

品种名称	开花期/(m/d)	花色	生长习性	株高/cm	茎枝数/个	实荚数/个	荚长/cm	荚质类型	单荚粒数/粒	种皮色	百粒重/g	单株产量/g
腰子豆	6/22	浅茄	丛生	36.60	3.60	9.80	14.75	硬	3.95	紫红	70.5	19.0

【优异性状】腰子豆属大粒型品种，干子粒百粒重为 70.5g，比对照高 22g，外观形态品质优异。该品种属丛生型的普通菜豆，株高为 35~50cm。

【利用价值】现直接应用于生产，或可作为育种亲本材料。

图 1.48　腰子豆植株和子粒

49. 本地鸡蛋白豆

该品种名称是当地群众对其的俗称,因其子粒形状和颜色而得名。

【学名】本地鸡蛋白豆是普通菜豆 (*Phaseolus vulgaris* L.) 的一个品种。

【采集号与采集地】采集编号:2007533080。采集地点:云南省宁蒗县永宁乡泥鳅沟村。

【基本特征特性】基本特征特性鉴定结果见表 1.49。

表 1.49　本地鸡蛋白豆的基本特征特性鉴定结果(鉴定地点:云南昆明)

品种名称	开花期/(m/d)	花色	生长习性	茎枝数/个	实荚数/个	荚长/cm	荚质类型	单荚粒数/粒	种皮色	百粒重/g	单株产量/g
本地鸡蛋白豆	7/15	茄紫	蔓生	3.63	23.50	18.50	软	7.85	米少褐花纹少褐	44.5	54.8

【优异性状】本地鸡蛋白豆为软荚质、长荚型的优质菜用型品种(荚长 18.50cm,比对照长 6cm)。该品种属蔓生型的普通菜豆。

【利用价值】现直接应用于生产,具有鲜销生产的优势。

图 1.49　本地鸡蛋白豆植株和子粒

50. 腰子豆

该品种因其子粒形状似猪的肾脏而得名。

【学名】腰子豆是普通菜豆 (*Phaseolus vulgaris* L.) 的一个品种。

【采集号与采集地】采集编号:2007533228。采集地点:云南省元阳县新街镇安汾寨村。

【基本特征特性】基本特征特性鉴定结果见表 1.50。

表 1.50　腰子豆的基本特征特性鉴定结果(鉴定地点:云南昆明)

品种名称	开花期/(m/d)	花色	生长习性	株高/cm	茎枝数/个	实荚数/个	荚长/cm	荚质类型	单荚粒数/粒	种皮色	百粒重/g	单株产量/g
腰子豆	6/25	浅茄	丛生	52.00	4.50	54.00	14.94	硬	4.30	紫红	52.3	17.6

【优异性状】田间自然发病鉴定显示,炭疽病发生严重度为轻(对照种为重),对炭疽

病有较好的抗性。腰子豆属丛生型的普通菜豆。

【利用价值】现直接应用于生产，或可用于抗炭疽病抗源研究。

图 1.50　腰子豆植株和子粒

51.Simailou

该品种名称是来自当地民族的音译。

【学名】Simailou 是普通菜豆 (*Phaseolus vulgaris* L.) 的一个品种。

【采集号与采集地】采集编号：2007534429。采集地点：云南省贡山县丙中洛乡丙中洛村。

【基本特征特性】基本特征特性鉴定结果见表 1.51。

表 1.51　Simailou 的基本特征特性鉴定结果（鉴定地点：云南昆明）

品种名称	开花期/(m/d)	花色	生长习性	株高/cm	茎枝数/个	实荚数/个	荚长/cm	荚质类型	单荚粒数/粒	种皮色	百粒重/g	单株产量/g
Simailou	6/22	浅茄	丛生	37.60	3.60	11.70	12.13	硬	5.30	紫红花斑	35.8	13.5

【优异性状】Simailou 是早熟型品种，全生育期 73d(比对照种早 12~16d 成熟)。该品种属丛生型的普通菜豆。

【利用价值】现直接应用于生产。

图 1.51　Simailou 植株和子粒

52. 尼西花菜豆

该品种名称来自采集地名。

【学名】尼西花菜豆是普通菜豆 (*Phaseolus vulgaris* L.) 的一个品种。

【采集号与采集地】采集编号：2007535216。采集地点：云南省香格里拉县尼西乡汤满村。

【基本特征特性】基本特征特性鉴定结果见表 1.52。

表 1.52　尼西花菜豆的基本特征特性鉴定结果（鉴定地点：云南昆明）

品种名称	开花期 /(m/d)	花色	生长习性	株高 /cm	茎枝数/个	实荚数/个	荚长 /cm	荚质类型	单荚粒数/粒	种皮色	百粒重/g	单株产量/g
尼西花菜豆	6/23	浅茄	丛生	47.80	5.40	22.50	13.57	硬	4.70	紫红花斑	55.8	44.4

【优异性状】田间试验自然发病鉴定，炭疽病发生严重度为轻（对照种为重），对炭疽病有较好的抗性。尼西花菜豆属丛生型的普通菜豆。

【利用价值】现直接应用于生产，或可用于抗炭疽病研究。

图 1.52　尼西花菜豆植株和子粒

53. 清河花腰豆

该品种名称来自采集地名和子粒种皮颜色、形状。

【学名】清河花腰豆是普通菜豆 (*Phaseolus vulgaris* L.) 的一个品种。

【采集号与采集地】采集编号：2008531324。采集地点：云南省大姚县石羊镇清河村。

【基本特征特性】基本特征特性鉴定结果见表 1.53。

表 1.53　清河花腰豆的基本特征特性鉴定结果（鉴定地点：云南昆明）

品种名称	开花期 /(m/d)	花色	生长习性	株高 /cm	茎枝数/个	实荚数/个	荚长 /cm	荚质类型	单荚粒数/粒	种皮色	百粒重/g	单株产量/g
清河花腰豆	6/19	浅茄茄紫	丛生	34.00	4.10	15.30	13.25	硬	4.30	白底紫红花纹	57.8	28.2

【优异性状】清河花腰豆是早熟型品种，全生育期 73d 左右（比对照早 12~16d 成熟）。

该品种属丛生型的普通菜豆。

【利用价值】现直接应用于生产，或可作为育种亲本材料。

图 1.53 清河花腰豆植株和子粒

54. 南京豆

该品种名称是当地群众对普通菜豆的俗称。

【学名】南京豆是普通菜豆 (*Phaseolus vulgaris* L.) 的一个品种。

【采集号与采集地】采集编号：2008532258。采集地点：云南省沧源县岩帅镇团结村石头寨。

【基本特征特性】基本特征特性鉴定结果见表 1.54。

表 1.54 南京豆的基本特征特性鉴定结果（鉴定地点：云南昆明）

品种名称	开花期/(m/d)	花色	生长习性	茎枝数/个	实荚数/个	荚长/cm	荚质类型	单荚粒数/粒	种皮色	百粒重/g	单株产量/g
南京豆	7/2	白	蔓生	2.80	25.10	19.19	软	9.40	褐	34.5	59.5

图 1.54 南京豆植株和子粒

【优异性状】南京豆是荚壳软质的长荚型 (荚长 19.19cm，比对照长 7cm) 品种。该品种鲜销口感和外观品质优异，单荚粒数高达 9.40 粒。该品种属蔓生型的普通菜豆。

【利用价值】现直接应用于生产，具有鲜销生产的优势。

55. 金豆

该品种名称是当地群众对普通菜豆的俗称。

【学名】金豆是普通菜豆 (*Phaseolus vulgaris* L.) 的一个品种。

【采集号与采集地】采集编号：2008535639。采集地点：云南省罗平县旧屋基乡法湾村。

【基本特征特性】基本特征特性鉴定结果见表 1.55。

表 1.55　金豆的基本特征特性鉴定结果（鉴定地点：云南昆明）

品种名称	开花期/(m/d)	花色	生长习性	株高/cm	茎枝数/个	实荚数/个	荚长/cm	荚质类型	单荚粒数/粒	种皮色	百粒重/g	单株产量/g
金豆	6/30	白	半蔓生	58.30	3.60	14.70	14.88	硬	8.25	白	32.0	66.3

【优异性状】金豆是高产型品种，小区产量为 254kg/667m^2，单株荚数和单株产量较对照高 50% 以上。该品种属半蔓生型的普通菜豆。

【利用价值】现直接应用于生产，具有高产的优势。

图 1.55　金豆植株和子粒

56. 红金豆

该品种名称是当地群众对普通菜豆的俗称。

【学名】红金豆是普通菜豆 (*Phaseolus vulgaris* L.) 的一个品种。

【采集号与采集地】采集编号：2008535659。采集地点：云南省罗平县旧屋基乡小新寨村。

【基本特征特性】基本特征特性鉴定结果见表 1.56。

表 1.56　红金豆的基本特征特性鉴定结果（鉴定地点：云南昆明）

品种名称	开花期/(m/d)	花色	生长习性	株高/cm	茎枝数/个	实荚数/个	荚长/cm	荚质类型	单荚粒数/粒	种皮色	百粒重/g	单株产量/g
红金豆	6/23	浅茄	丛生	38.60	5.30	15.20	15.21	硬	4.30	紫红花斑	71.5	34.7

图 1.56　红金豆植株

【优异性状】红金豆是大粒型品种（百粒重为 71.5g，比对照高 22g），子粒外观品质优异。该品种属丛生型的普通菜豆。

【利用价值】现直接应用于生产，或可作为育种亲本材料。

57. 软壳豆

该品种因其荚质而得名。

【学名】软壳豆是普通菜豆（*Phaseolus vulgaris* L.）的一个品种。

【采集号与采集地】采集编号：2007533432-1。采集地点：云南省元阳县新街镇水卜龙村。

【基本特征特性】基本特征特性鉴定结果见表 1.57。

表 1.57　软壳豆的基本特征特性鉴定结果（鉴定地点：云南昆明）

品种名称	开花期/(m/d)	花色	生长习性	茎枝数/个	实荚数/个	荚长/cm	荚质类型	单荚粒数/粒	种皮色	百粒重/g	单株产量/g
软壳豆	7/13	紫白	蔓生	1.48	8.10	20.68	软	7.30	蓝褐	47.0	20.1

图 1.57　软壳豆植株和子粒

【优异性状】软壳豆是软荚质、长荚型品种（荚长 20.68cm，比对照长 8cm）。鲜销外观及食味品质优异。该品种属蔓生型的普通菜豆。

【利用价值】现直接应用于生产，具有鲜销生产的优势。

58. 菜豆

该品种名称来自当地群众对普通菜豆的俗称。

【学名】菜豆是普通菜豆 (*Phaseolus vulgaris* L.) 的一个品种。

【采集号与采集地】采集编号：2008532020-1。采集地点：云南省澜沧县东回乡南翁村。

【基本特征特性】基本特征特性鉴定结果见表 1.58。

表 1.58 菜豆的基本特征特性鉴定结果（鉴定地点：云南昆明）

品种名称	开花期 /（m/d）	花色	生长习性	茎枝数 /个	实荚数 /个	荚长 /cm	荚质类型	单荚粒数 /粒	种皮色	百粒重 /g	单株产量 /g
菜豆	6/30	茄紫	蔓生	2.42	12.50	18.95	软	7.15	黑	29.8	27.8

【优异性状】菜豆是软荚质、长荚型（荚长 18.95cm，比对照长 6cm）品种。鲜销外观及食味品质优异。该品种属蔓生型的普通菜豆。

【利用价值】现直接应用于生产，具有鲜销生产的优势。

图 1.58 菜豆植株和子粒

59. 米豆

该品种因其子粒较小、形状如大米而得名。

【学名】米豆是饭豆 (*Vigna umbellata* (Thunb.)Ohwi et Ohashi) 的一个品种。

【采集号与采集地】采集编号：2007533215。采集地点：云南省宁蒗县跑马坪乡羊场村。

【基本特征特性】基本特征特性鉴定结果见表 1.59。

表 1.59　米豆的基本特征特性鉴定结果（鉴定地点：云南昆明）

品种名称	开花期/(m/d)	花色	生长习性	茎枝数/个	实荚数/个	荚长/cm	单荚粒数/粒	种皮色	百粒重/g	单株产量/g
米豆	7/18	黄	蔓生	4.0	53.1	9.4	8.9	黄少灰麻	5	12.9

【优异性状】米豆是早熟型品种，全生育期 79d 左右，比对照早 15~20d 成熟。该品种属蔓生型饭豆。

【利用价值】现直接应用于生产。

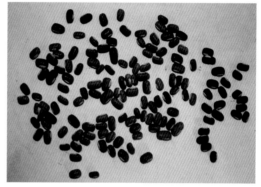

图 1.59　米豆植株和子粒

60. 饭豆

该品种名称与其所属的物种——饭豆的名称相同。

【学名】饭豆是饭豆种 (*Vigna umbellata* (Thunb.) Ohwi et Ohashi) 的一个品种。

【采集号与采集地】采集编号：2008534195-1。采集地点：云南省陇川县护国乡幸福村。

【基本特征特性】基本特征特性鉴定结果见表 1.60。

表 1.60　饭豆的基本特征特性鉴定结果（鉴定地点：云南昆明）

品种名称	开花期/(m/d)	花色	生长习性	茎枝数/个	实荚数/个	荚长/cm	单荚粒数/粒	种皮色	百粒重/g	单株产量/g
饭豆	8/20	黄	蔓生	4.0	10.0	11.8	5.9	紫红，灰麻	18.75	4.4

图 1.60　饭豆植株和子粒

【优异性状】饭豆是大粒型品种(百粒重达18.75g,比对照高9g),外观品质优异。该品种属蔓生型饭豆。

【利用价值】现直接应用于生产。

61. 黄花豆

该品种因其所开的花为黄色而得名。

【学名】黄花豆是饭豆(*Vigna umbellata* (Thunb.) Ohwi et Ohashi)的一个品种。

【采集号与采集地】采集编号:2008535635-2。采集地点:云南省罗平县旧屋基乡法湾村。

【基本特征特性】基本特征特性鉴定结果见表1.61。

表 1.61　黄花豆的基本特征特性鉴定结果(鉴定地点:云南昆明)

品种名称	开花期 /(m/d)	花色	生长习性	茎枝数/个	实荚数/个	荚长/cm	单荚粒数/粒	种皮色	百粒重/g	单株产量/g
黄花豆	8/26	黄	蔓生	7.5	161.0	9.3	7.6	黄绿	7	42.3

【优异性状】黄花豆是多荚多粒型高产品种,单株荚数高达161个,单株产量42.3g,比对照高50%以上。该品种属蔓生型饭豆。

【利用价值】现直接应用于生产。

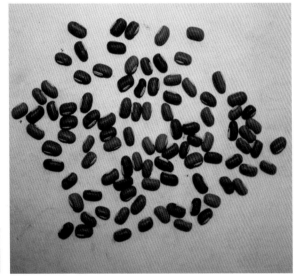

图 1.61　黄花豆植株和子粒

62. 绿饭豆

该品种因其种皮颜色为绿色而得名。

【学名】绿饭豆是小豆(*Vigna angularis* (Willd.) Ohwi et Ohashi)的一个品种。

【采集号与采集地】采集编号:2008531565。采集地点:云南省河口县桥头乡桥头村。

【基本特征特性】基本特征特性鉴定结果见表1.62。

表 1.62　绿饭豆的基本特征特性鉴定结果（鉴定地点：云南昆明）

品种名称	开花期/(m/d)	花色	生长习性	株高/cm	茎枝数/个	实荚数/个	荚长/cm	单荚粒数/粒	种皮色	百粒重/g	单株产量/g
绿饭豆	7/28	黄	丛生	115.5	3.1	78.3	9.22	9	绿	10.3	46

【优异性状】绿饭豆是大粒型品种（百粒重达 10.3g，比对照高 5g），外观品质优异。该品种属丛生型小豆，为云南省优异的地方品种。

【利用价值】现直接应用于生产。

图 1.62　绿饭豆植株和子粒

63. 蚕豆

该品种名称来自当地俗称。

【学名】蚕豆是蚕豆种 (*Vicia faba* L.) 的一个品种。

【采集号与采集地】采集编号：2007531721。采集地点：云南省屏边县新华乡坡头村。

【基本特征特性】基本特征特性鉴定结果见表 1.63。

表 1.63　蚕豆的基本特征特性鉴定结果（鉴定地点：云南昆明）

品种名称	开花期/(m/d)	花色	生长习性	株高/cm	茎枝数/个	实荚数/个	荚长/cm	单荚粒数/粒	种皮色	百粒重/g	单株产量/g
蚕豆	1/4	白	半匍匐	32.2	3.2	2.8	9.54	1.87	白	102	4.5

图 1.63　蚕豆植株和子粒

【优异性状】温室内采用混合菌株接种鉴定，抗锈病评价为中抗。

【利用价值】可在锈病高发区应用于生产，或可用于抗锈病抗源研究。

64. 迤席蚕豆

该品种名称来自于采集地名称。

【学名】迤席蚕豆是蚕豆 (*Vicia faba* L.) 的一个品种。

【采集号与采集地】采集编号：2008533442。采集地点：云南省元江县洼垤乡邑慈碑村。

【基本特征特性】基本特征特性鉴定结果见表1.64。

表 1.64 迤席蚕豆的基本特征特性鉴定结果（鉴定地点：云南昆明）

品种名称	开花期/(m/d)	花色	生长习性	株高/cm	茎枝数/个	实荚数/个	荚长/cm	单荚粒数/粒	种皮色	百粒重/g	单株产量/g
迤席蚕豆	12/8	浅紫	半匍匐	49.2	3.3	9.1	7.48	1.68	浅白	75	5.96

【优异性状】迤席蚕豆是早熟品种，现蕾期比对照早38d，全生育期176d左右。

【利用价值】可作为育种亲本材料，或作为早秋鲜销栽培生产用品种。

图 1.64 迤席蚕豆植株和子粒

65. 鲁掌豌豆

该品种名称来自采集地名称。

【学名】鲁掌豌豆是豌豆 (*Pisum sativum* L.) 的一个品种。

【采集号与采集地】采集编号：2007532111。采集地点：云南省泸水县鲁掌镇鲁掌村。

【基本特征特性】基本特征特性鉴定结果见表1.65。

表 1.65 鲁掌豌豆的基本特征特性鉴定结果（鉴定地点：云南昆明）

品种名称	开花期/(m/d)	花色	生长习性	株高/cm	茎枝数/个	实荚数/个	荚长/cm	荚质类型	单荚粒数/粒	种皮色	百粒重/g	单株产量/g
鲁掌豌豆	1/3	白	直立	100.09	4.09	24.27	7.86	硬	6.20	黄绿	13.5	57.2

【优异性状】鲁掌豌豆是云南省优异的地方品种，早熟，开花期较对照品种早 25d。

【利用价值】可作为育种亲本材料。

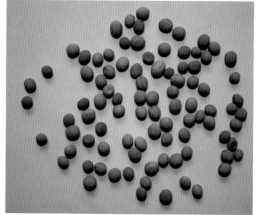

图 1.65　鲁掌豌豆植株和子粒

66. 豌豆

该品种名称来自当地群众的俗称。

【学名】豌豆是豌豆种 (*Pisum sativum* L.) 的一个品种。

【采集号与采集地】采集编号：2007533154。采集地点：云南省宁蒗县跑马坪乡羊场村。

【基本特征特性】基本特征特性鉴定结果见表 1.66。

表 1.66　豌豆的基本特征特性鉴定结果（鉴定地点：云南昆明）

品种名称	开花期 /(m/d)	花色	生长习性	株高 /cm	茎枝数 / 个	实荚数 / 个	荚长 /cm	荚质类型	单荚粒数 / 粒	种皮色	百粒重 / g	单株产量 /g
豌豆	3/24	白	直立	119.23	6.69	39.92	6.82	硬	4.30	白	25.0	81.9

【优异性状】田间自然发病鉴定，对白粉病抗性为抗。高产，单株干子粒产量较对照高 50%，属蔓生型豌豆品种。

【利用价值】可直接应用于大田生产，或作为高产和白粉病抗源用于育种研究。

图 1.66　豌豆植株和子粒

67. 大黑花豆

该品种因其子粒的种皮颜色而得名。

【学名】大黑花豆是多花菜豆 (*Phaseolus multiflorus* Willd.) 的一个品种。

【采集号与采集地】采集编号：2007531368。采集地点：云南省剑川县沙溪镇石龙村。

【基本特征特性】基本特征特性鉴定结果见表1.67。

表 1.67　大黑花豆的基本特征特性鉴定结果（鉴定地点：云南昆明）

品种名称	开花期 / (m/d)	花色	生长习性	茎枝数 / 个	实荚数 / 个	荚长 /cm	单荚粒数 / 粒	种皮色	百粒重 /g	单株产量 /g
大黑花豆	7/2	红	蔓生	2.47	11	17.6	3.85	花	202.0	52.41

【优异性状】大黑花豆是大粒型品种，百粒重为202g，比对照高58g，外观品质优异。

【利用价值】现直接应用于生产，或可作为大粒型育种材料。

图 1.67　大黑花豆子粒

68. 白芸豆

该品种因其子粒的种皮颜色而得名。

【学名】白芸豆是多花菜豆 (*Phaseolus multiflorus* Willd.) 的一个品种。

【采集号与采集地】采集编号：2007535027。采集地点：云南省香格里拉县三坝乡安南村。

【基本特征特性】基本特征特性鉴定结果见表1.68。

表 1.68　白芸豆的基本特征特性鉴定结果（鉴定地点：云南昆明）

品种名称	开花期 /(m/d)	花色	生长习性	茎枝数 / 个	实荚数 / 个	荚长 /cm	单荚粒数 / 粒	种皮色	百粒重 /g	单株产量 /g
白芸豆	7/2	白，红	蔓生	2.13	16	17.12	3.8	白	124.5	109.09

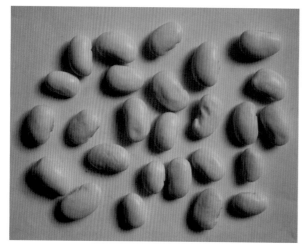

图 1.68　白芸豆子粒

【优异性状】白芸豆是高产型品种，单株荚数和单株产量比对照高50%以上。小区干子粒产量折合单产为 234.3kg/667m²，与对照种比较增产率高于 30%。

【利用价值】现直接应用于生产，或可作为高产育种材料。

69. 小扁豆

该品种名称来自当地群众的俗称。

【学名】小扁豆是小扁豆种 (*Lens culinaris* Medic.) 的一个品种。

【采集号与采集地】采集编号：2008531351。采集地点：云南省德钦县云岭乡果念村。

【基本特征特性】基本特征特性鉴定结果见表 1.69。

表 1.69　小扁豆的基本特征特性鉴定结果（鉴定地点：云南昆明）

品种名称	开花期 /(m/d)	生长习性	株高 /cm	茎枝数 / 个	实荚数 / 个	单荚粒数 / 粒	种皮色	百粒重 /g	单株产量 /g
小扁豆	3/2	丛生	49.5	7.65	177.4	1.75	淡绿	2.0	9.48

【优异性状】小扁豆是高产型品种，单株荚数和单株产量比对照高 50% 以上。小区干子粒产量折合单产为 118kg/667m²，与对照品种比较增产率高于 30%。

【利用价值】现直接应用于生产，或可作为高产育种材料。

图 1.69　小扁豆荚和子粒

（包世英　王丽萍　吕梅媛　何玉华　杨　峰　华劲松）

第四节 玉米等杂粮优异种质资源

通过对云南及周边少数民族地区 41 个县（市）的系统调查，采集玉米种质资源 470 份、高粱 58 份、谷子 15 份、黍稷 2 份、荞麦 104 份、穇子 41 份、籽粒苋 42 份、薏苡 37 份。

通过对收集资源进行初步鉴定发现，系统调查的 41 个县（市）的自然环境、民族、海拔高低等存在差异，涵盖了北热带、南亚热带、中亚热带、北亚热带、南温带、中温带和高原气候区等气候类型，海拔高差大，温差大，同时民族生活习惯、习俗、喜好、生活方式各不相同，利用或拥有玉米等杂粮资源存在一定的差异，这使得收集的玉米等杂粮资源种类丰富，多样性明显。

在所调查的玉米等杂粮资源中，目前已繁殖入国家作物种质库和计划入国家作物种质库的资源包括玉米 441 份、高粱 56 份、谷子 8 份、黍稷 2 份、荞麦 77 份、穇子 38 份、籽粒苋 30 份、薏苡 18 份。玉米等杂粮资源的鉴定评价，综合了其在采集地的性状表现、繁殖鉴定调查数据，采用调查资源在少数民族地区表现情况（如产量、抗性、耐瘠性、耐贮性、熟期、品质、口感等特性）与繁殖鉴定相结合的技术评价手段，对 600 余份资源进行了初步鉴定评价。根据鉴定评价的结果，筛选出了部分具有优异特性的玉米等杂粮资源。本节介绍了来自云南的玉米 30 份、高粱 12 份、籽粒苋 5 份、谷子 1 份、荞麦 8 份及来自四川的玉米 1 份、荞麦 9 份，共计 66 份优异种质资源。

70. 本地白马牙

【学名】本地白马牙是玉米 (*Zea mays* L.) 马齿型品种。

【采集号与采集地】采集编号：2008531181。采集地点：云南省大姚县湾碧乡巴拉村尾坪子。

【基本特征特性】基本特征特性鉴定结果见表 1.70。

表 1.70 本地白马牙的基本特征特性鉴定结果（鉴定地点：云南昆明）

品种名称	株高 /cm	穗长 /cm	穗粗 /cm	穗形	粒型	粒色	穗行数 / 行	行粒数 / 粒	产量 /(kg/667m²)	出籽率 /%
本地白马牙	268	20.5	4.62	柱	中间型	白	12	43.6	584.5	78.9

图 1.70 本地白马牙果穗和子粒

【优异性状】口感好，香，糯，产量高，果穗较长。

【利用价值】作青食玉米。

71. 头道箐本地白糯

【学名】头道箐本地白糯是玉米 (*Zea mays* L.) 糯质型品种。

【采集号与采集地】采集编号：2008531239。采集地点：云南省大姚县湾碧乡白坟坝村头道箐。

【基本特征特性】基本特征特性鉴定结果见表 1.71。

表 1.71　头道箐本地白糯的基本特征特性鉴定结果（鉴定地点：云南昆明）

品种名称	株高 /cm	穗长 /cm	穗粗 /cm	穗形	粒型	粒色	穗行数 / 行	行粒数 / 粒	产量 / (kg/667m²)	出籽率 /%
头道箐本地白糯	259	19.2	4.44	柱	中间型	白	12	33.6	564.1	75.5

【优异性状】头道箐本地白糯糯性好，抗寒，抗旱，产量高，果穗较长。

【利用价值】适宜高寒山区种植。

图 1.71　头道箐本地白糯果穗

72. 头道箐本地白包谷

【学名】头道箐本地白包谷是玉米 (*Zea mays* L.) 马齿型品种。

【采集号与采集地】采集编号：2008531242。采集地点：云南省大姚县湾碧乡白坟坝村头道箐。

【基本特征特性】基本特征特性鉴定结果见表 1.72。

表 1.72　头道箐本地白包谷的基本特征特性鉴定结果（鉴定地点：云南昆明）

品种名称	株高 /cm	穗长 /cm	穗粗 /cm	穗形	粒型	粒色	穗行数 / 行	行粒数 / 粒	产量 / (kg/667m²)	出籽率 /%
头道箐本地白包谷	300	21.8	5.3	柱	中间型	白	14	39.2	775.7	68.4

【优异性状】头道箐本地白包谷产量高达 775.7kg/667m^2，果穗较大。

【利用价值】产量高，适应在山区推广。

图 1.72　头道箐本地白包谷果穗

73. 临改白

【学名】临改白是玉米 (*Zea mays* L.) 马齿型品种。

【采集号与采集地】采集编号：2008532251。采集地点：云南省沧源县岩帅镇东米村阿布地。

【基本特征特性】基本特征特性鉴定结果见表 1.73。

表 1.73　临改白的基本特征特性鉴定结果（鉴定地点：云南昆明）

品种名称	株高 /cm	穗长 /cm	穗粗 /cm	穗形	粒型	粒色	穗行数 / 行	行粒数 / 粒	产量 /(kg/667m^2)	出籽率 /%
临改白	307	19.9	4.6	柱	中间型	白	13.2	40.4	602.9	76.6

【优异性状】抗旱、耐贫瘠，产量高，果穗较长。

【利用价值】适宜高寒山区种植。

图 1.73　临改白果穗和子粒

74. 光山白玉米

【学名】光山白玉米是玉米 (*Zea mays* L.) 硬粒型品种。

【采集号与采集地】采集编号：2008533426。采集地点：云南省元江县羊岔街乡团田村。

【基本特征特性】基本特征特性鉴定结果见表 1.74。

表 1.74 光山白玉米的基本特征特性鉴定结果（鉴定地点：云南昆明）

品种名称	株高 /cm	穗长 /cm	穗粗 /cm	穗形	粒型	粒色	穗行数 / 行	行粒数 / 粒	产量 /(kg/667m^2)	出籽率 /%
光山白玉米	274	19.5	4.9	柱	圆	白	13.2	44	631.3	82.6

【优异性状】病害较少，白色子粒，产量高，果穗较大。

【利用价值】适宜高海拔地区种植。

图 1.74 光山白玉米果穗和子粒

75. 迤席白玉米

【学名】迤席白玉米是玉米 (*Zea mays* L.) 硬粒型品种。

【采集号与采集地】采集编号：2008533447。采集地点：云南省元江县洼垤乡邑慈碑村。

【基本特征特性】基本特征特性鉴定结果见表 1.75。

表 1.75 迤席白玉米的基本特征特性鉴定结果（鉴定地点：云南昆明）

品种名称	株高 /cm	穗长 /cm	穗粗 /cm	穗形	粒型	粒色	穗行数 / 行	行粒数 / 粒	产量 /(kg/667m^2)	出籽率 /%
迤席白玉米	254	17.4	4.64	柱	圆	白	10.8	31.2	723.0	78.8

【优异性状】病害较少，适于高海拔地区种植，产量高，果穗较大。

【利用价值】作饲料，适于高海拔地区种植。

图 1.75　迤席白玉米子粒

76. 高山早

【学名】高山早是玉米 (*Zea mays* L.) 硬粒型品种。

【采集号与采集地】采集编号：2008534370。采集地点：云南省景谷县凤山乡文折村。

【基本特征特性】基本特征特性鉴定结果见表 1.76。

表 1.76　高山早的基本特征特性鉴定结果（鉴定地点：云南昆明）

品种名称	株高 /cm	穗长 /cm	穗粗 /cm	穗形	粒型	粒色	穗行数 / 行	行粒数 / 粒	产量 /(kg/667m²)	出籽率 /%
高山早	272	19.5	4.76	锥	中间型	白	12.8	38.8	508.6	79.4

【优异性状】适宜高海拔山区种植，酿酒出酒率高，抗寒、抗旱，耐贫瘠，产量高，果穗较长。

【利用价值】酿酒。

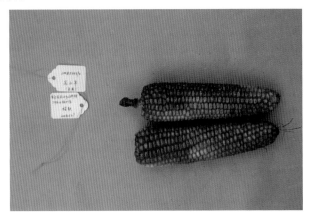

图 1.76　高山早果穗

77. 小黄包谷

【学名】小黄包谷是玉米 (*Zea mays* L.) 硬粒型品种。

【采集号与采集地】采集编号：2008532453。采集地点：云南省巧家县东坪乡杨柳村。
【基本特征特性】基本特征特性鉴定结果见表1.77。

表 1.77　小黄包谷的基本特征特性鉴定结果（鉴定地点：云南昆明）

品种名称	株高 /cm	穗长 /cm	穗粗 /cm	穗形	粒型	粒色	穗行数 / 行	行粒数 / 粒	产量 /(kg/667m²)	出籽率 /%
小黄包谷	292	19.4	4.44	柱	圆	黄	11.6	33.6	597.2	80.9

【优异性状】子粒坚硬，打玉米碴，出米率高，酿酒出酒率高，酒口感好，香、甜，产量高，果穗较长。

【利用价值】酿酒。

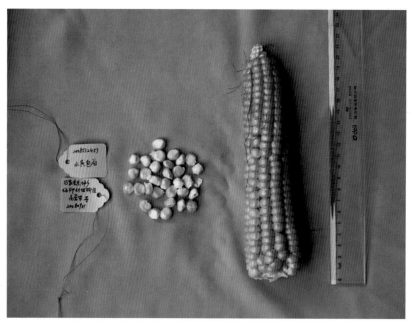

图 1.77　小黄包谷果穗和子粒

78. 小白包谷

【学名】小白包谷是玉米 (*Zea mays* L.) 糯质型品种。
【采集号与采集地】采集编号：2008532499。采集地点：云南省巧家县大寨镇车坪村。
【基本特征特性】基本特征特性鉴定结果见表1.78。

表 1.78　小白包谷的基本特征特性鉴定结果（鉴定地点：云南昆明）

品种名称	株高 /cm	穗长 /cm	穗粗 /cm	穗形	粒型	粒色	穗行数 / 行	行粒数 / 粒	产量 /(kg/667m²)	出籽率 /%
小白包谷	217	15.8	4.82	柱	圆	白	10.4	31.2	536.3	83.9

【优异性状】子粒硬，可用打米机去皮、打碎，和米蒸饭或磨成面蒸粑粑，口感好，香。产量高，糯性好，植株矮。

【利用价值】作玉米饭。

图 1.78 小白包谷子粒

79. 红包谷

【学名】红包谷是玉米 (*Zea mays* L.) 硬粒型品种。

【采集号与采集地】采集编号：2008532511。采集地点：云南省巧家县大寨镇大寨村。

【基本特征特性】基本特征特性鉴定结果见表 1.79。

表 1.79 红包谷的基本特征特性鉴定结果（鉴定地点：云南昆明）

品种名称	株高 /cm	穗长 /cm	穗粗 /cm	穗形	粒型	粒色	穗行数 / 行	行粒数 / 粒	产量 /(kg/667m²)	出籽率 /%
红包谷	257	18.4	5.14	柱	中间型	红	13.6	35	759.9	82.0

【优异性状】种植在其他玉米品种中间，具有抗病虫、抗倒伏特性，产量高，果穗较大。

【利用价值】作饲料。

图 1.79 红包谷果穗和子粒

80. 黄包谷

【学名】黄包谷是玉米 (*Zea mays* L.) 硬粒型品种。

【采集号与采集地】采集编号：2008533679。采集地点：云南省孟连县娜允镇南雅村。

【基本特征特性】基本特征特性鉴定结果见表 1.80。

表 1.80 黄包谷的基本特征特性鉴定结果（鉴定地点：云南昆明）

品种名称	株高 /cm	穗长 /cm	穗粗 /cm	穗形	粒型	粒色	穗行数 / 行	行粒数 / 粒	产量 /(kg/667m²)	出籽率 /%
黄包谷	235	19.5	4.32	柱	中间型	黄	12	41.4	551.4	79.2

【优异性状】淀粉含量高，酿酒出酒率高，病害少，不生虫，抗穗发芽，好保存，产量高，果穗较长，株高，生育期短。

【利用价值】酿酒。

图 1.80 黄包谷果穗和子粒

81. 白包谷

【学名】白包谷是玉米 (*Zea mays* L.) 马齿型品种。

【采集号与采集地】采集编号：2008533701。采集地点：云南省孟连县勐马镇贺安村。

【基本特征特性】基本特征特性鉴定结果见表 1.81。

表 1.81 白包谷的基本特征特性鉴定结果（鉴定地点：云南昆明）

品种名称	株高 /cm	穗长 /cm	穗粗 /cm	穗形	粒型	粒色	穗行数 / 行	行粒数 / 粒	产量 /(kg/667m²)	出籽率 /%
白包谷	278	18.2	4.42	柱	中间型	白	12.4	42.4	507.7	82.2

【优异性状】可烤酒，无病虫害，产量高，果穗较长。

【利用价值】酿酒。

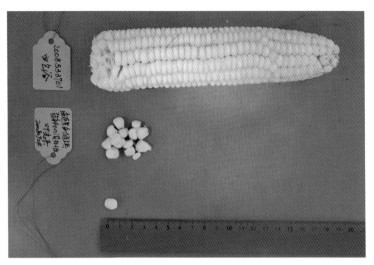

图 1.81　白包谷果穗和子粒

82. 贺格黄包谷

【学名】贺格黄包谷是玉米 (*Zea mays* L.) 马齿型品种。

【采集号与采集地】采集编号：2008533737。采集地点：云南省孟连县勐马镇帕亮村贺格老寨。

【基本特征特性】基本特征特性鉴定结果见表 1.82。

表 1.82　贺格黄包谷的基本特征特性鉴定结果（鉴定地点：云南昆明）

品种名称	株高 /cm	穗长 /cm	穗粗 /cm	穗形	粒型	粒色	穗行数 / 行	行粒数 / 粒	产量 /(kg/667m²)	出籽率 /%
贺格黄包谷	367	21.3	4.56	柱	中间型	黄	14	41	669.4	78.8

【优异性状】嫩玉米口感好，抗病能力比杂交玉米强，产量高，果穗较长。

【利用价值】作青食玉米。

图 1.82　贺格黄包谷果穗和子粒

83. 墨白 1 号

【学名】墨白 1 号是玉米 (*Zea mays* L.) 硬粒型品种。

【采集号与采集地】采集编号：2008534436。采集地点：云南省江城县康平乡曼克老村。

【基本特征特性】基本特征特性鉴定结果见表 1.83。

表 1.83　墨白 1 号的基本特征特性鉴定结果（鉴定地点：云南昆明）

品种名称	株高 /cm	穗长 /cm	穗粗 /cm	穗形	粒型	粒色	穗行数 / 行	行粒数 / 粒	产量 /(kg/667m²)	出籽率 /%
墨白 1 号	264	16.5	4.82	柱	圆	白	16.4	36.2	573.2	85.8

【优异性状】子粒很大，轴很细，产量高，出籽率高达 85.8%，果穗较粗。

【利用价值】作饲料。

图 1.83　墨白 1 号果穗

84. 花糯包谷

【学名】花糯包谷是玉米 (*Zea mays* L.) 马齿型品种。

【采集号与采集地】采集编号：2008534471。采集地点：云南省江城县康平乡中平村。

【基本特征特性】基本特征特性鉴定结果见表 1.84。

表 1.84　花糯包谷的基本特征特性鉴定结果（鉴定地点：云南昆明）

品种名称	株高 /cm	穗长 /cm	穗粗 /cm	穗形	粒型	粒色	穗行数 / 行	行粒数 / 粒	产量 /(kg/667m²)	出籽率 /%
花糯包谷	264	16.5	4.82	柱	中间型	白	16.4	36.2	573.2	85.8

【优异性状】软，香，味道好，产量高，果穗较大，糯性好，紫色子粒。

【利用价值】作青食玉米。

图 1.84 花糯包谷果穗和子粒

85. 小矮株包谷

【学名】小矮株包谷是玉米 (*Zea mays* L.) 马齿型品种。

【采集号与采集地】采集编号：2008534495。采集地点：云南省江城县国庆乡和平村。

【基本特征特性】基本特征特性鉴定结果见表 1.85。

表 1.85 小矮株包谷的基本特征特性鉴定结果（鉴定地点：云南昆明）

品种名称	株高 /cm	穗长 /cm	穗粗 /cm	穗形	粒型	粒色	穗行数 / 行	行粒数 / 粒	产量 /(kg/667m²)	出籽率 /%
小矮株包谷	264	15.4	4.82	柱	中间型	白	14.4	35	599.1	80.1

【优异性状】抗病性较强，产量高，果穗较粗。

【利用价值】作饲料。

图 1.85 小矮株包谷果穗和子粒

86. 大黄玉米

【学名】大黄玉米是玉米 (*Zea mays* L.) 硬粒型品种。

【采集号与采集地】采集编号：2008535458。采集地点：云南省永德县亚练乡亚练村。

【基本特征特性】基本特征特性鉴定结果见表 1.86。

表 1.86　大黄玉米的基本特征特性鉴定结果（鉴定地点：云南昆明）

品种名称	株高 /cm	穗长 /cm	穗粗 /cm	穗形	粒型	粒色	穗行数 / 行	行粒数 / 粒	产量 /(kg/667m²)	出籽率 /%
大黄玉米	355	18.4	4.06	柱	中间型	黄	12.8	38.2	514.4	78.5

【优异性状】该品种耐旱性较强，在当地种植已有百年历史；株高 355cm，穗长 18.4cm，子粒为硬粒型，耐大、小斑病，产量平均为 350kg/667m²，产量高，果穗较长。

【利用价值】作青食玉米，作饲料。

图 1.86　大黄玉米果穗和子粒

87. 马牙包谷

【学名】马牙包谷是玉米 (*Zea mays* L.) 马齿型品种。

【采集号与采集地】采集编号：2008532619。采集地点：云南省西盟县勐梭镇里拉村。

【基本特征特性】基本特征特性鉴定结果见表 1.87。

表 1.87　马牙包谷的基本特征特性鉴定结果（鉴定地点：云南昆明）

品种名称	株高 /cm	穗长 /cm	穗粗 /cm	穗形	粒型	粒色	穗行数 / 行	行粒数 / 粒	产量 /(kg/667m²)	出籽率 /%
马牙包谷	301	17.1	4.44	柱	中间型	白	12.4	39.2	514.4	83.0

【优异性状】高效优质，抗病虫，耐贫瘠，产量高。

【利用价值】作饲料。

图 1.87 马牙包谷果穗和子粒

88. 糯玉米

【学名】糯玉米是玉米 (*Zea mays* L.) 糯质型品种。

【采集号与采集地】采集编号：2008534657。采集地点：云南省新平县平掌乡库独木村。

【基本特征特性】基本特征特性鉴定结果见表 1.88。

表 1.88 糯玉米的基本特征特性鉴定结果（鉴定地点：云南昆明）

品种名称	株高 /cm	穗长 /cm	穗粗 /cm	穗形	粒型	粒色	穗行数 / 行	行粒数 / 粒	产量 /(kg/667m²)	出籽率 /%
糯玉米	378	16.4	4.64	柱	圆	白	14.8	31.6	543.4	80.1

【优异性状】甜、糯，抗虫，产量高，糯性好。

【利用价值】作青食玉米。

图 1.88 糯玉米果穗和子粒

89. 乌穗白

【学名】乌穗白是玉米 (*Zea mays* L.) 马齿型品种。

【采集号与采集地】采集编号：2008535647。采集地点：云南省罗平县旧屋基乡法湾村。

【基本特征特性】基本特征特性鉴定结果见表 1.89。

表 1.89　乌穗白的基本特征特性鉴定结果（鉴定地点：云南昆明）

品种名称	株高 /cm	穗长 /cm	穗粗 /cm	穗形	粒型	粒色	穗行数 / 行	行粒数 / 粒	产量 /(kg/667m²)	出籽率 /%
乌穗白	287	16.6	4.56	柱	中间型	白	12	35.2	808.3	80.4

【优异性状】高产，稳产，产量高达 808.3kg/667m²。

【利用价值】作玉米面饭食用或作饲料。

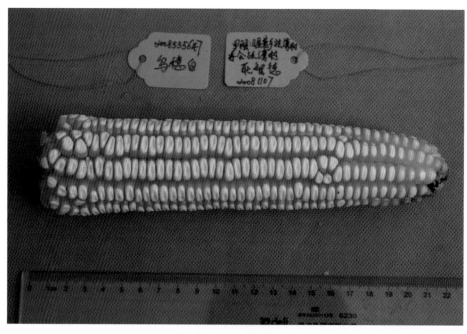

图 1.89　乌穗白果穗

90. 紫糯包谷

【学名】紫糯包谷是玉米 (*Zea mays* L.) 糯质型品种。

【采集号与采集地】采集编号：2008534480。采集地点：云南省江城县整董镇整董村。

【基本特征特性】基本特征特性鉴定结果见表 1.90。

表 1.90　紫糯包谷的基本特征特性鉴定结果（鉴定地点：云南昆明）

品种名称	株高 /cm	穗长 /cm	穗粗 /cm	穗形	粒型	粒色	穗行数 / 行	行粒数 / 粒	产量 /(kg/667m²)	出籽率 /%
紫糯包谷	282	9.5	2.98	柱	圆	紫	12.4	20.8	253.9	97.0

【优异性状】抗病虫，耐贫瘠，耐干旱，品质好，糯性好，甜。

【利用价值】作青食玉米。

图 1.90　紫糯包谷果穗和子粒

91. 拖拉鸡包谷

【学名】拖拉鸡包谷是玉米 (*Zea mays* L.) 硬粒型品种。

【采集号与采集地】采集编号：2008531465。采集地点：云南省德钦县燕门乡拖拉村。

【基本特征特性】基本特征特性鉴定结果见表 1.91。

表 1.91　拖拉鸡包谷的基本特征特性鉴定结果（鉴定地点：云南昆明）

品种名称	株高 /cm	穗长 /cm	穗粗 /cm	穗形	粒型	粒色	穗行数 / 行	行粒数 / 粒	产量 /(kg/667m²)	出籽率 /%
拖拉鸡包谷	196	10.8	3.44	柱	圆	白	11.6	19.2	208.3	86.1

【优异性状】淀粉含量高，抗寒，耐贫瘠。

【利用价值】作玉米饼食用或作饲料。

图 1.91　拖拉鸡包谷果穗

92. 品杂

【学名】品杂是玉米 (*Zea mays* L.) 马齿型品种。

【采集号与采集地】采集编号：2008535402。采集地点：云南省麻栗坡县八布乡江东村。

【基本特征特性】基本特征特性鉴定结果见表1.92。

表 1.92　品杂的基本特征特性鉴定结果（鉴定地点：云南昆明）

品种名称	株高 /cm	穗长 /cm	穗粗 /cm	穗形	粒型	粒色	穗行数 / 行	行粒数 / 粒	产量 /(kg/667m²)	出籽率 /%
品杂	253	17.8	4.66	柱	圆	黄	13.6	36.4	494.1	74.1

【优异性状】抗灰斑病、大斑病、小斑病及黑穗病。

【利用价值】作饲料。

图 1.92　品杂果穗

93. 小白玉米

【学名】小白玉米是玉米 (*Zea mays* L.) 硬粒型品种。

【采集号与采集地】采集编号：2008535420。采集地点：云南省永德县乌木龙乡菖蒲塘村。

【基本特征特性】基本特征特性鉴定结果见表1.93。

表 1.93　小白玉米的基本特征特性鉴定结果（鉴定地点：云南昆明）

品种名称	株高 /cm	穗长 /cm	穗粗 /cm	穗形	粒型	粒色	穗行数 / 行	行粒数 / 粒	产量 /(kg/667m²)	出籽率 /%
小白玉米	267	15.9	4.48	柱	圆	白	14	33.2	534.5	77.9

【优异性状】子粒硬粒型，口感好，耐大斑病、小斑病、灰斑病，抗蚜虫，抗寒，耐贫瘠。

【利用价值】作饲料。

图 1.93　小白玉米果穗和子粒

94. 大白包谷

【学名】大白包谷是玉米 (*Zea mays* L.) 马齿型品种。
【采集号与采集地】采集编号：2008532495。采集地点：云南省巧家县大寨镇哆车村。
【基本特征特性】基本特征特性鉴定结果见表 1.94。

表 1.94　大白包谷的基本特征特性鉴定结果（鉴定地点：云南昆明）

品种名称	株高 /cm	穗长 /cm	穗粗 /cm	穗形	粒型	粒色	穗行数 / 行	行粒数 / 粒	产量 /(kg/667m²)	出籽率 /%
大白包谷	286	17.2	4.52	柱	中间型	白	12	28.4	452.2	78.6

图 1.94　大白包谷果穗和子粒

【优异性状】耐寒、适应高寒山区气候，能正常结实，采集地点海拔 2192m。

【利用价值】适合高寒地区种植，作饲料。

95. 本地黄玉米

【学名】本地黄玉米是玉米 (*Zea mays* L.) 硬粒型品种。

【采集号与采集地】采集编号：2008531548。采集地点：云南省河口县桥头乡中寨村。

【基本特征特性】基本特征特性鉴定结果见表 1.95。

表 1.95　本地黄玉米的基本特征特性鉴定结果（鉴定地点：云南昆明）

品种名称	株高 /cm	穗长 /cm	穗粗 /cm	穗形	粒型	粒色	穗行数 / 行	行粒数 / 粒	产量 /(kg/667m²)	出籽率 /%
本地黄玉米	262	16.5	4.48	柱	中间型	黄	12	32	376.5	78.8

【优异性状】投入低，不打药，施肥少。

【利用价值】作饲料。

图 1.95　本地黄玉米果穗和子粒

96. 大马牙包谷

【学名】大马牙包谷是玉米 (*Zea mays* L.) 马齿型品种。

【采集号与采集地】采集编号：2008534511。采集地点：云南省江城县曲水乡高山村。

【基本特征特性】基本特征特性鉴定结果见表 1.96。

表 1.96　大马牙包谷的基本特征特性鉴定结果（鉴定地点：云南昆明）

品种名称	株高 /cm	穗长 /cm	穗粗 /cm	穗形	粒型	粒色	穗行数 / 行	行粒数 / 粒	产量 /(kg/667m²)	出籽率 /%
大马牙包谷	213	13	4.4	柱	中间型	白	12.8	28.6	214.2	52.0

【优异性状】抗病虫较好，抗旱性好，耐贫瘠，种植时不施肥。

【利用价值】作饲料。

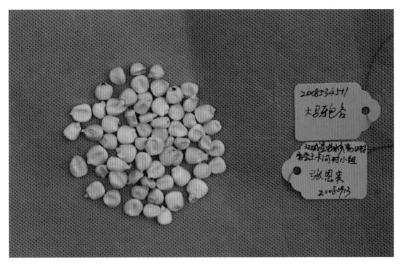

图 1.96　大马牙包谷子粒

97. 黑水浅黄包谷

【学名】黑水浅黄包谷是玉米 (*Zea mays* L.) 硬粒型品种。

【采集号与采集地】采集编号：2008533931。采集地点：云南省鹤庆县六合乡黑水村。

【基本特征特性】基本特征特性鉴定结果见表 1.97。

表 1.97　黑水浅黄包谷的基本特征特性鉴定结果（鉴定地点：云南昆明）

品种名称	株高 /cm	穗长 /cm	穗粗 /cm	穗形	粒型	粒色	穗行数 / 行	行粒数 / 粒	产量 /(kg/667m²)	出籽率 /%
黑水浅黄包谷	396	19.1	4.04	柱	中间型	黄	13.6	37.6	349.5	70.1

【优异性状】品质较优，皮薄，甜，比一般玉米早熟 20d 左右，耐旱。

【利用价值】作青食玉米。

图 1.97　黑水浅黄包谷果穗和子粒

98. 老品种糯玉米

【学名】老品种糯玉米是玉米 (*Zea mays* L.) 糯质型品种。

【采集号与采集地】采集编号：2008533026。采集地点：云南省腾冲县荷花乡羡多村。

【基本特征特性】基本特征特性鉴定结果见表 1.98。

表 1.98　老品种糯玉米的基本特征特性鉴定结果（鉴定地点：云南昆明）

品种名称	株高 /cm	穗长 /cm	穗粗 /cm	穗形	粒型	粒色	穗行数 / 行	行粒数 / 粒	产量 /(kg/667m²)	出籽率 /%
老品种糯玉米	262	12.3	4.08	柱	中间型	黄	13.2	25	394.9	—

【优异性状】糯性强，品质好。

【利用价值】食用。

图 1.98　老品种糯玉米子粒

99. 小八路

【学名】小八路是玉米 (*Zea mays* L.) 硬粒型品种。

【采集号与采集地】采集编号：2008535597。采集地点：云南省永德县亚练乡亚练村。

【基本特征特性】基本特征特性鉴定结果见表 1.99。

表 1.99　小八路的基本特征特性鉴定结果（鉴定地点：云南昆明）

品种名称	株高 /cm	穗长 /cm	穗粗 /cm	穗形	粒型	粒色	穗行数 / 行	行粒数 / 粒	产量 /(kg/667m²)	出籽率 /%
小八路	360	15.1	3.62	柱	中间型	白	8	31	370.3	88.7

【优异性状】该品种穗轴上有八行子粒，故称小八路，为当地特有地方品种，已有上百年的种植历史；生育期较当地杂交玉米品种长，品质好，子粒为硬粒型，果穗不易腐烂，这是当地杂交玉米所不具备的。但是由于杂交玉米的产量高，小八路在当地的种植面积逐渐减少，目前仅有几户还在种植。

【利用价值】小八路是玉米果穗粒、行数研究和遗传学研究的重要材料，有较重要的科学研究价值。

图 1.99　小八路果穗

100. 七匹早

七匹早在西南山区普遍种植，成熟早，成熟时仅有 7、8 片叶，因此得名七匹早，又名七匹草。

【学名】七匹早是玉米 (*Zea mays* L.) 硬粒型品种。

【采集号与采集地】采集编号：2008511016。采集地点：四川省木里县。

【基本特征特性】基本特征特性鉴定结果见表 1.100。

表 1.100　七匹早的基本特征特性鉴定结果（鉴定地点：四川西昌）

品种名称	株高 /cm	穗位高 /cm	叶片数 / 片	穗长 /cm	穗粗 /cm	穗形	粒型	粒色	穗行数 / 行	行粒数 /粒	百粒重 /g	粒质
七匹早	168	38.5	13	5.7	2.95	柱	圆	黄色	12	12	16.12	角质

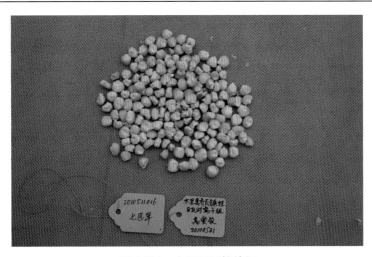

图 1.100　七匹早子粒特征

【优异性状】该品种属于特早熟玉米地方品种，播种到散粉仅需61~65d，到抽丝需要64~70d，90~95d即可成熟，采收干穗，特别适宜播种于海拔较高的山区。该品种植株矮小，叶片数少，抗倒伏，田间未见病害。其果穗柱状，穗轴白色，子粒黄色、圆粒、角质，表皮光泽好。

【利用价值】现直接应用于生产，或可作为玉米育种的亲本，特别是用于改良或培育早熟品种，以适应高寒山区特殊生态、气候条件。

101. 巴拉红高粱

【学名】巴拉红高粱是双色高粱（*Sorghum bicolor* L.）的一个品种。

【采集号与采集地】采集编号：2008531188。采集地点：云南省大姚县湾碧乡巴拉村巴拉组。

【基本特征特性】基本特征特性鉴定结果见表1.101。

表 1.101　巴拉红高粱的基本特征特性鉴定结果（鉴定地点：云南大姚）

品种名称	单株成穗数/个	株高/cm	茎粗/cm	主穗长/cm	主穗柄长/cm	主穗柄直径/cm	着壳率/%	单穗粒重/g	千粒重/g	角质率/%
巴拉红高粱	2.5	260	1.72	30.16	40.28	0.95	5	75.00	21.55	80

【优异性状】穗子比较大。

【利用价值】现直接应用于烤酒，壳用于染布，穗茎适宜加工做扫帚。

图 1.101　巴拉红高粱穗子

102. 闭眼高粱

【学名】闭眼高粱是双色高粱（*Sorghum bicolor* L.）的一个品种。

【采集号与采集地】采集编号：2008534312。采集地点：云南省景谷县永平镇富龙村。

【基本特征特性】基本特征特性鉴定结果见表1.102。

表1.102　闭眼高粱的基本特征特性鉴定结果（鉴定地点：云南景谷）

品种名称	单株成穗数/个	株高/cm	茎粗/cm	主穗长/cm	主穗柄长/cm	主穗柄直径/cm	着壳率/%	单穗粒重/g	千粒重/g	角质率/%
闭眼高粱	5.1	271	1.82	29.93	54.64	0.81	90	62.00	22.40	50

【优异性状】结实率高，分蘖多，成熟早，抗寒性好，可以在高海拔地区种植，抗旱，耐贫瘠。

【利用价值】适宜在高海拔地区种植。

图1.102　闭眼高粱子粒

103. 高粱

【学名】高粱是双色高粱 (*Sorghum bicolor* L.) 的一个品种。

【采集号与采集地】采集编号：2008532456。采集地点：云南省巧家县东坪乡杨柳村。

【基本特征特性】基本特征特性鉴定结果见表1.103。

表1.103　高粱的基本特征特性鉴定结果（鉴定地点：云南巧家）

品种名称	单株成穗数/个	株高/cm	茎粗/cm	主穗长/cm	主穗柄长/cm	主穗柄直径/cm	着壳率/%	单穗粒重/g	千粒重/g	角质率/%
高粱	1.0	335	1.35	38.00	67.65	0.64	10	55.50	23.94	5

【优异性状】穗长，韧性好，结实率高，穗子大。

【利用价值】适宜加工做扫帚。

图 1.103　高粱穗子和子粒

104. 红糯高粱

【学名】红糯高粱是双色高粱 (*Sorghum bicolor* L.) 的一个糯性品种。
【采集号与采集地】采集编号：2008532529。采集地点：云南省巧家县蒙姑乡干冲村。
【基本特征特性】基本特征特性鉴定结果见表 1.104。

表 1.104　红糯高粱的基本特征特性鉴定结果（鉴定地点：云南巧家）

品种名称	单株成穗数 / 个	株高 /cm	茎粗 /cm	主穗长 /cm	主穗柄长 /cm	主穗柄直径 /cm	着壳率 /%	单穗粒重 /g	千粒重 /g	角质率 /%
红糯高粱	3.1	330	1.31	32.66	66.65	0.66	1	55.50	27.61	25

图 1.104　红糯高粱穗子和子粒

【优异性状】有糯性，口感好，可代替糯米做糯性食品。结实率高，穗子大。

【利用价值】适宜加工做扫帚。

105. 黑糯高粱

【学名】黑糯高粱是双色高粱 (*Sorghum bicolor* L.) 的一个糯性品种。

【采集号与采集地】采集编号：2008532556。采集地点：云南省巧家县蒙姑乡干冲村。

【基本特征特性】基本特征特性鉴定结果见表 1.105。

表 1.105　黑糯高粱的基本特征特性鉴定结果（鉴定地点：云南巧家）

品种名称	单株成穗数 / 个	株高 /cm	茎粗 /cm	主穗长 / cm	主穗柄长 / cm	主穗柄直径 /cm	着壳率 /%	单穗粒重 / g	千粒重 /g	角质率 /%
黑糯高粱	3.4	316	1.63	31.98	62.44	0.73	2	45.00	26.61	20

【优异性状】有糯性，口感好，结实率高，穗子大。

【利用价值】逢年过节，可以代替糯大米做糯米饭、汤圆。

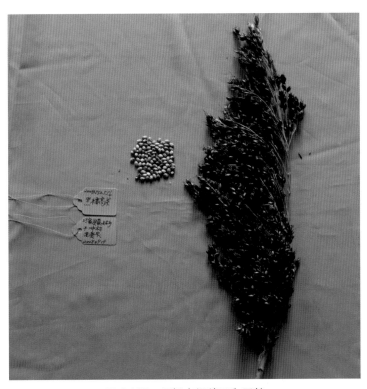

图 1.105　黑糯高粱穗子和子粒

106. 红糯高粱

【学名】红糯高粱是双色高粱 (*Sorghum bicolor* L.) 的一个糯性品种。

【采集号与采集地】采集编号：2008533741。采集地点：云南省孟连县勐马镇帕亮村。

【基本特征特性】基本特征特性鉴定结果见表 1.106。

表 1.106　红糯高粱的基本特征特性鉴定结果（鉴定地点：云南孟连）

品种名称	单株成穗数 / 个	株高 /cm	茎粗 /cm	主穗长 / cm	主穗柄长 / cm	主穗柄直径 /cm	着壳率 /%	单穗粒重 / g	千粒重 /g	角质率 /%
红糯高粱	1.8	262	1.67	17.65	45.35	0.79	1	53.00	26.83	50

【优异性状】结实率高，糯性好，抗病虫害。

【利用价值】秆甜，可吃，子粒用于烤酒。

图 1.106　红糯高粱子粒

107. 饭高粱（白）

【学名】饭高粱（白）是双色高粱（*Sorghum bicolor* L.）的一个品种。

【采集号与采集地】采集编号：2008533742。采集地点：云南省孟连县勐马镇帕亮村。

【基本特征特性】基本特征特性鉴定结果见表 1.107。

表 1.107　饭高粱（白）的基本特征特性鉴定结果（鉴定地点：云南孟连）

品种名称	单株成穗数 / 个	株高 /cm	茎粗 /cm	主穗长 / cm	主穗柄长 / cm	主穗柄直径 /cm	着壳率 /%	单穗粒重 / g	千粒重 /g	角质率 /%
饭高粱（白）	2.1	261	1.91	24.30	40.30	1.08	5	75.00	21.77	50

【优异性状】结实率高，抗病虫害。

【利用价值】子粒用于烤酒和炸米花。

图 1.107 饭高粱(白)穗子

108. 高粱

【学名】高粱是双色高粱 (*Sorghum bicolor* L.) 的一个品种。

【采集号与采集地】采集编号：2008532650。采集地点：云南省西盟县岳宋乡岳宋村。

【基本特征特性】基本特征特性鉴定结果见表 1.108。

表 1.108 高粱的基本特征特性鉴定结果（鉴定地点：云南西盟）

品种名称	单株成穗数 / 个	株高 /cm	茎粗 /cm	主穗长 / cm	主穗柄长 / cm	主穗柄直径 /cm	着壳率 /%	单穗粒重 / g	千粒重 /g	角质率 /%
高粱	4.4	330	1.92	15.50	26.68	0.88	7	45.00	25.78	85

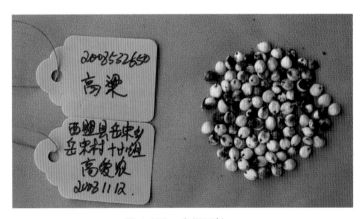

图 1.108 高粱子粒

【优异性状】结实率高，抗病虫害，抗旱。

【利用价值】鲜茎有甜味，子粒可与小红米（稗子）配在一起煮水酒。

109. 红高粱

【学名】红高粱是双色高粱（*Sorghum bicolor* L.）的一个品种。

【采集号与采集地】采集编号：2008532654。采集地点：云南省西盟县岳宋乡岳宋村。

【基本特征特性】基本特征特性鉴定结果见表 1.109。

表 1.109　红高粱的基本特征特性鉴定结果（鉴定地点：云南西盟）

品种名称	单株成穗数 / 个	株高 /cm	茎粗 /cm	主穗长 /cm	主穗柄长 /cm	主穗柄直径 /cm	着壳率 /%	单穗粒重 /g	千粒重 /g	角质率 /%
红高粱	4.4	251	2.09	21.64	30.64	0.91	98	75.00	22.25	35

【优异性状】结实率高，穗子大，品质优，抗病虫旱，耐贫瘠，酿水酒口感好。

【利用价值】酿酒。

图 1.109　红高粱穗子和子粒

110. 白高粱

【学名】白高粱是双色高粱（*Sorghum bicolor* L.）的一个品种。

【采集号与采集地】采集编号：2008532680。采集地点：云南省西盟县力所乡力所村。

【基本特征特性】基本特征特性鉴定结果见表 1.110。

表 1.110　白高粱的基本特征特性鉴定结果（鉴定地点：云南西盟）

品种名称	单株成穗数 / 个	株高 /cm	茎粗 /cm	主穗长 /cm	主穗柄长 /cm	主穗柄直径 /cm	着壳率 /%	单穗粒重 /g	千粒重 /g	角质率 /%
白高粱	1.8	324	1.50	27.19	36.17	0.89	5	21	22.72	30

【优异性状】结实率高，穗子大，好吃，抗病虫旱，耐贫瘠。

【利用价值】可与小红米（穄子）、大米、玉米、小麦配在一起酿酒。

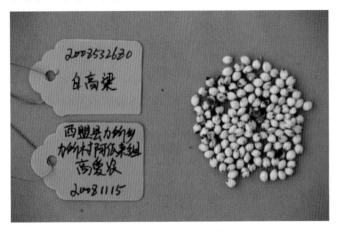

图 1.110　白高粱子粒

111. 高粱

【学名】高粱是双色高粱（*Sorghum bicolor* L.）的一个品种。

【采集号与采集地】采集编号：2008532069。采集地点：云南省澜沧县文东乡帕赛村。

【基本特征特性】基本特征特性鉴定结果见表 1.111。

表 1.111　高粱的基本特征特性鉴定结果（鉴定地点：云南澜沧）

品种名称	单株成穗数 / 个	株高 /cm	茎粗 /cm	主穗长 /cm	主穗柄长 /cm	主穗柄直径 /cm	着壳率 /%	单穗粒重 /g	千粒重 /g	角质率 /%
高粱	1	300	1.51	27.89	35.2	0.87	1	37.7	20.55	30

【优异性状】结实率高，穗子大。

【利用价值】适宜在山区大面积推广种植。

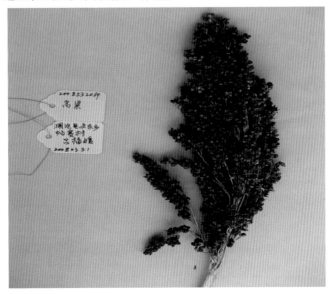

图 1.111　高粱穗子

112. 卡连高粱

【学名】卡连高粱是双色高粱 (*Sorghum bicolor* L.) 的一个品种。

【采集号与采集地】采集编号：2008531072。采集地点：云南省盈江县卡场镇卡场村。

【基本特征特性】基本特征特性鉴定结果见表 1.112。

表 1.112　卡连高粱的基本特征特性鉴定结果（鉴定地点：云南盈江）

品种名称	单株成穗数 / 个	株高 /cm	茎粗 /cm	主穗长 / cm	主穗柄长 / cm	主穗柄直径 /cm	着壳率 /%	单穗粒重 / g	千粒重 /g	角质率 /%
卡连高粱	2.7	315	1.63	32.06	60.23	0.68	10	57	17.95	20

【优异性状】结实率高，穗子大。

【利用价值】适宜在山区大面积推广种植。

图 1.112　卡连高粱穗子

113. 波乍籽粒苋

【学名】波乍籽粒苋是繁穗苋 (*Amaranthus paniculatus* L.) 的一个品种。

【采集号与采集地】采集编号：2008531257。采集地点：云南省大姚县三台乡多底河村委会波乍组。

【基本特征特性】基本特征特性鉴定结果见表 1.113。

表 1.113　波乍籽粒苋的基本特征特性鉴定结果（鉴定地点：云南大姚）

品种名称	叶柄长 / cm	叶片长 / cm	叶片宽 / cm	分枝数 / 个	株高 /cm	茎粗 /cm	主花序长 / cm	主花序分枝数 / 个	单株粒重 / g	千粒重 /g
波乍籽粒苋	14.85	19.57	10.23	19.00	254.50	2.76	92.00	23.20	71.00	0.62

【优异性状】株型好，结实率高，抗病，耐低温。

【利用价值】作菜食用。

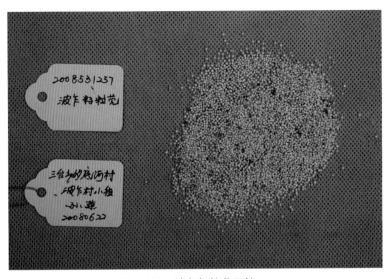

图 1.113　波乍籽粒苋子粒

114. 玉米子

【学名】玉米子是繁穗苋 (*Amaranthus paniculatus* L.) 的一个品种。

【采集号与采集地】采集编号：2008534337。采集地点：云南省景谷县凤山乡文绍村。

【基本特征特性】基本特征特性鉴定结果见表 1.114。

表 1.114　玉米子的基本特征特性鉴定结果（鉴定地点：云南景谷）

品种名称	叶柄长 / cm	叶片长 / cm	叶片宽 / cm	分枝数 / 个	株高 /cm	茎粗 /cm	主花序长 / cm	主花序分枝 数 / 个	单株粒重 /g	千粒重 /g
玉米子	18.41	21.25	14.90	21.20	220.80	2.62	84.70	28.50	90.20	0.53

【优异性状】株型好，结实率高，抗旱，抗病性强，耐贫瘠。

【利用价值】酿酒。

图 1.114　玉米子子粒

115. 南溪小米

【学名】南溪小米是繁穗苋 (*Amaranthus paniculatus* L.) 的一个品种。

【采集号与采集地】采集编号：2008533411。采集地点：云南省元江县羊岔街乡南溪村。

【基本特征特性】基本特征特性鉴定结果见表 1.115。

表 1.115　南溪小米的基本特征特性鉴定结果（鉴定地点：云南元江）

品种名称	叶柄长 /cm	叶片长 /cm	叶片宽 /cm	分枝数 /个	株高 /cm	茎粗 /cm	主花序长 /cm	主花序分枝数 /个	单株粒重 /g	千粒重 /g
南溪小米	12.93	22.51	11.28	20.50	222.60	2.49	91.76	32.30	86.66	0.66

【优异性状】株型好，结实率高，抗病。

【利用价值】加工方式较多，可做粑粑。

图 1.115　南溪小米子粒

116. 天星米

【学名】天星米是繁穗苋 (*Amaranthus paniculatus* L.) 的一个品种。

【采集号与采集地】采集编号：2008532492。采集地点：云南省巧家县大寨镇哆车村。

【基本特征特性】基本特征特性鉴定结果见表 1.116。

表 1.116　天星米的基本特征特性鉴定结果（鉴定地点：云南巧家）

品种名称	叶柄长 /cm	叶片长 /cm	叶片宽 /cm	分枝数 /个	株高 /cm	茎粗 /cm	主花序长 /cm	主花序分枝数 /个	单株粒重 /g	千粒重 /g
天星米	16.30	24.32	13.49	20.00	204.70	2.52	114.10	33.70	100.00	0.72

【优异性状】株型好，结实率高，子粒有糯性。

【利用价值】用途多，茎秆可作饲料，嫩茎尖可作菜。

图 1.116　天星米子粒

117. 仙米

【学名】仙米是繁穗苋 (*Amaranthus paniculatus* L.) 的一个品种。

【采集号与采集地】采集编号：2008533901。采集地点：云南省鹤庆县六合乡六合村。

【基本特征特性】基本特征特性鉴定结果见表 1.117。

表 1.117　仙米的基本特征特性鉴定结果（鉴定地点：云南鹤庆）

品种名称	叶柄长 /cm	叶片长 /cm	叶片宽 /cm	分枝数 /个	株高 /cm	茎粗 /cm	主花序长 /cm	主花序分枝数 /个	单株粒重 /g	千粒重 /g
仙米	13.46	21.72	10.56	20.60	233.70	2.69	86.61	28.40	103.18	0.89

【优异性状】株型有观赏性，结实率高，生存能力强。

【利用价值】叶子可作蔬菜，子粒可作香料。

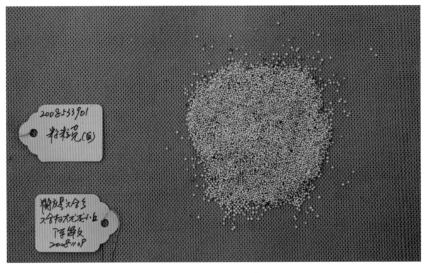

图 1.117　仙米子粒

118. 拖顶小米

【学名】拖顶小米是粟 (谷子)(*Setaria italica* L.) 的一个品种。

【采集号与采集地】采集编号：2008531500。采集地点：云南省德钦县拖顶乡拖顶村。

【基本特征特性】基本特征特性鉴定结果见表 1.118。

表 1.118　拖顶小米的基本特征特性鉴定结果 (鉴定地点：云南德钦)

品种名称	分蘖数 /个	穗下节间长度 /cm	主茎直径 /cm	主茎节数 /节	主穗长度 /cm	主穗直径 /cm	柱头外露率 /%	单株粒重 /g	单株穗重 /g	千粒重 /g
拖顶小米	3.9	7.92	1.07	17.40	39.58	1.54	30	16.00	29.20	2.11

【优异性状】结实率高，穗子大。

【利用价值】作小米产品。

图 1.118　拖顶小米子粒

119. 苦荞

【学名】苦荞是苦荞麦 (*Fagopyrum tataricum* (L.)Gaertn.) 的一个品种。

【采集号与采集地】采集编号：2007531365。采集地点：云南省剑川县沙溪镇石龙村。

【基本特征特性】基本特征特性鉴定结果见表 1.119。

表 1.119　苦荞的基本特征特性鉴定结果 (鉴定地点：云南剑川)

品种名称	株高 /cm	主茎节数 /节	主茎分枝数 /个	子粒长度 /cm	子粒宽度 /cm	千粒重 /g	单株粒重 /g
苦荞	135.20	18.10	16.30	0.51	0.29	20.21	17.54

【优异性状】子粒大，结实率高，口感好。

【利用价值】作荞麦食品。

图 1.119 苦荞子粒

120. 苦荞

【学名】苦荞是苦荞麦（*Fagopyrum tataricum* (L.)Gaertn.）的一个品种。
【采集号与采集地】采集编号：2007532012。采集地点：云南省泸水县老窝乡崇仁村。
【基本特征特性】基本特征特性鉴定结果见表 1.120。

表 1.120　苦荞的基本特征特性鉴定结果（鉴定地点：云南泸水）

品种名称	株高 /cm	主茎节数 / 节	主茎分枝数 / 个	子粒长度 /cm	子粒宽度 /cm	千粒重 /g	单株粒重 /g
苦荞	125.20	18.30	17.20	0.53	0.26	19.78	15.24

【优异性状】成熟早，成熟期一致。
【利用价值】适宜在高寒山区种植。

图 1.120　苦荞子粒

121. 本地苦荞（有翅）

【**学名**】本地苦荞（有翅）是苦荞麦（*Fagopyrum tataricum* (L.)Gaertn.）的一个品种。

【**采集号与采集地**】采集编号：2007533027。采集地点：云南省宁蒗县永宁乡温泉村。

【**基本特征特性**】基本特征特性鉴定结果见表 1.121。

表 1.121　本地苦荞（有翅）的基本特征特性鉴定结果（鉴定地点：云南宁蒗）

品种名称	株高 /cm	主茎节数 / 节	主茎分枝数 / 个	子粒长度 /cm	子粒宽度 /cm	千粒重 /g	单株粒重 /g
本地苦荞（有翅）	113.00	16.69	15.70	0.44	0.41	21.70	15.64

【**优异性状**】结实率高，成熟早。

【**利用价值**】药用。

图 1.121　本地苦荞（有翅）子粒

122. 本地苦荞

【**学名**】本地苦荞是苦荞麦 (*Fagopyrum tataricum*(L.)Gaertn.) 的一个品种。

【**采集号与采集地**】采集编号：2007533097。采集地点：云南省宁蒗县永宁乡永宁村。

【**基本特征特性**】基本特征特性鉴定结果见表 1.122。

表 1.122　本地苦荞的基本特征特性鉴定结果（鉴定地点：云南宁蒗）

品种名称	株高 /cm	主茎节数 / 节	主茎分枝数 / 个	子粒长度 /cm	子粒宽度 /cm	千粒重 /g	单株粒重 /g
本地苦荞	108.95	17.30	16.00	0.53	0.32	21.73	18.95

【**优异性状**】株型紧凑，分枝多。

【**利用价值**】作荞麦食品。

图 1.122　本地苦荞子粒

123. 苦荞

【学名】苦荞是苦荞麦 (*Fagopyrum tataricum*(L.)Gaertn.) 的一个品种。

【采集号与采集地】采集编号：2007533152。采集地点：云南省宁蒗县跑马坪乡羊场村。

【基本特征特性】基本特征特性鉴定结果见表 1.123。

表 1.123　苦荞的基本特征特性鉴定结果（鉴定地点：云南宁蒗）

品种名称	株高 /cm	主茎节数 / 节	主茎分枝数 / 个	子粒长度 /cm	子粒宽度 /cm	千粒重 /g	单株粒重 /g
苦荞	117.55	16.00	16.00	0.53	0.31	22.46	15.32

【优异性状】结实率高，生育期短，成熟早。

【利用价值】药用；做荞麦食品。

图 1.123　苦荞子粒

124. 苦荞

【学名】苦荞是苦荞麦 (*Fagopyrum tataricum*(L.)Gaertn.) 的一个品种。

【采集号与采集地】采集编号：2007533483。采集地点：云南省元阳县牛角寨乡脚弄村堕尼下寨。

【基本特征特性】基本特征特性鉴定结果见表 1.124。

表 1.124 苦荞的基本特征特性鉴定结果（鉴定地点：云南元阳）

品种名称	株高 /cm	主茎节数 / 节	主茎分枝数 / 个	子粒长度 /cm	子粒宽度 /cm	千粒重 /g	单株粒重 /g
苦荞	132.70	19.20	18.40	0.55	0.31	18.00	12.60

【优异性状】单株粒重高，成熟期一致。

【利用价值】品种基本性状稳定，可直接应用于生产。

图 1.124 苦荞子粒

125. 苦荞

【学名】苦荞是苦荞麦 (*Fagopyrum tataricum*(L.)Gaertn.) 的一个品种。

【采集号与采集地】采集编号：2007535389。采集地点：云南省金平县者米乡巴哈村。

【基本特征特性】基本特征特性鉴定结果见表 1.125。

表 1.125 苦荞的基本特征特性鉴定结果（鉴定地点：云南金平）

品种名称	株高 /cm	主茎节数 / 节	主茎分枝数 / 个	子粒长度 /cm	子粒宽度 /cm	千粒重 /g	单株粒重 /g
苦荞	72.33	16.00	16.00	0.48	0.29	16.48	7.08

【优异性状】子粒饱满，结实率高，品质优。

【利用价值】现直接应用于生产；做荞麦粑粑食用，有药用价值。

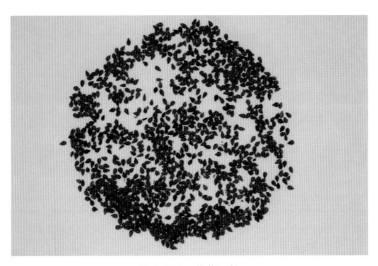

图 1.125　苦荞子粒

126. 甜荞

【学名】甜荞是甜荞麦 (*Fagopyrum esculentum* Moench.) 的一个品种。

【采集号与采集地】采集编号: 2008535412。采集地点: 云南省永德县乌木龙乡菖蒲塘村。

【基本特征特性】基本特征特性鉴定结果见表 1.126。

表 1.126　甜荞的基本特征特性鉴定结果（鉴定地点：云南永德）

品种名称	株高 /cm	主茎节数 / 节	主茎分枝数 / 个	子粒长度 /cm	子粒宽度 /cm	千粒重 /g	单株粒重 /g
甜荞	96.65	10.70	9.60	0.57	0.35	23.10	4.93

【优异性状】甜荞在当地有上百年的种植历史，品质较好，抗病虫，抗寒，耐贫瘠，子粒较大，结实率高，产量一般在 90kg/667m^2 左右。

【利用价值】冬季荞麦苗切碎后，可作为青饲料直接喂猪，以弥补冬天猪饲料不足。

图 1.126　甜荞子粒

127. 额吉

该品种名称是当地彝族群众对该苦荞的一种称呼。

【学名】额吉是苦荞麦 (*Fagopyrum tataricum* (L.) Gaertn.) 的一个品种。

【采集号与采集地】采集编号：2010513075。采集地点：四川省金阳县南瓦乡 4 村 1 组。

【基本特征特性】基本特征特性鉴定结果见表 1.127。

表 1.127　额吉的基本特征特性鉴定结果（鉴定地点：四川西昌）

品种名称	株高 /cm	分枝数 / 个	单株粒数 / 粒	抗倒伏	落粒性	结实率 /%	千粒重 /g	子粒长宽比
额吉	63	4.5	260	抗	抗	70.2	20	1.5

【优异性状】额吉矮秆，株高一般为 60~80cm，分枝较多，达 4.5 个，抗倒伏力强。子粒饱满，果皮灰白色，皮较薄，出粉率为 76%，出米率达 57%。芦丁含量在 1.6% 以上。面粉制的馍口感好。

【利用价值】现直接应用于生产，或可作为荞麦育种的亲本。

图 1.127　额吉子粒

128. 格其

该品种名称是当地彝族群众对该苦荞的一种称呼。

【学名】格其是苦荞麦 (*Fagopyrum tataricum* (L.) Gaertn.) 的一个品种。

【采集号与采集地】采集编号：2010514080。采集地点：四川省雷波县莫红乡达觉村。

【基本特征特性】基本特征特性鉴定结果见表 1.128。

表 1.128　格其的基本特征特性鉴定结果（鉴定地点：四川西昌）

品种名称	株高 /cm	分枝数 / 个	单株粒数 / 粒	抗倒伏	落粒性	结实率 /%	千粒重 /g	子粒长宽比
格其	80	3.5	220	抗	抗	71.3	20	1.5

【优异性状】格其中高秆，株高一般为 75~88cm，分枝数达 3.5 个，抗倒伏力强。子粒饱满，果皮灰白色，皮较薄，出粉率为 75%，出米率达 55%。芦丁含量在 1.4% 以上。面粉制的馍口感好。

【利用价值】现直接应用于生产，或可作为荞麦育种的亲本。

图 1.128　格其子粒

129. 本地苦荞

该品种是当地彝族人常年种植的苦荞地方品种。

【学名】本地苦荞是苦荞麦 (*Fagopyrum tataricum* (L.) Gaertn.) 的一个品种。

【采集号与采集地】采集编号：2010511015。采集地点：四川省木里县乔瓦镇娃日瓦村窝子组。

【基本特征特性】基本特征特性鉴定结果见表 1.129。

表 1.129　本地苦荞的基本特征特性鉴定结果（鉴定地点：四川西昌）

品种名称	株高 /cm	分枝数 / 个	单株粒数 / 粒	抗倒伏	落粒性	结实率 /%	千粒重 /g	子粒长宽比
本地苦荞	65	4.8	240	抗	抗	76.4	21	1

【优异性状】本地苦荞矮秆，株高一般为 60~70cm，分枝数多达 4.8 个，抗倒伏力强。单株粒重较高，可达 4.94g，子粒饱满，果皮灰黑色，皮外带刺，出粉率为 73%，出米率达 54%。芦丁含量在 1.5% 以上。面粉制的馍口感好。

【利用价值】现直接应用于生产，或可作为荞麦育种的亲本。

图 1.129　本地苦荞子粒

130. 火额

该品种名称是当地彝族群众对该苦荞的称呼。

【学名】火额是苦荞麦 (*Fagopyrum tataricum* (L.) Gaertn.) 的一个品种。

【采集号与采集地】采集编号：2010513106。采集地点：四川省金阳县南瓦乡 3 村。

【基本特征特性】基本特征特性鉴定结果见表 1.130。

表 1.130　火额的基本特征特性鉴定结果（鉴定地点：四川西昌）

品种名称	株高 /cm	分枝数 / 个	单株粒数 / 粒	抗倒伏	落粒性	结实率 /%	千粒重 /g	子粒长宽比
火额	62.6	5	190	抗	抗	75.6	20	1.2

【优异性状】火额矮秆，株高一般为 60~70cm，分枝数多达 5 个，抗倒伏力强。子粒饱满，果皮灰白色，出粉率为 76%，出米率达 56%。芦丁含量在 1.6% 以上。面粉制的馍口感好。

【利用价值】现直接应用于生产，或可作为荞麦育种的亲本。

图 1.130　火额子粒

131. 阿火额

该品种名称是当地彝族人对该苦荞的称呼。

【学名】阿火额是苦荞麦 (*Fagopyrum tataricum* (L.) Gaertn.) 的一个品种。

【采集号与采集地】采集编号：2010513040。采集地点：四川省金阳县高峰乡哼地村哼地组。

【基本特征特性】基本特征特性鉴定结果见表1.131。

表 1.131　阿火额的基本特征特性鉴定结果（鉴定地点：四川西昌）

品种名称	株高 /cm	分枝数 / 个	单株粒数 / 粒	抗倒伏	落粒性	结实率 /%	千粒重 /g	子粒长宽比
阿火额	60	4.1	180	抗	抗	74.4	20	1.2

【优异性状】阿火额矮秆，株高一般为57~67cm，分枝数4.1个，抗倒伏力强。子粒饱满，果皮灰白色，出粉率为75%，出米率达55%。芦丁含量在1.7%以上。面粉制的馍口感好。

【利用价值】现直接应用于生产，或可作为荞麦育种的亲本。

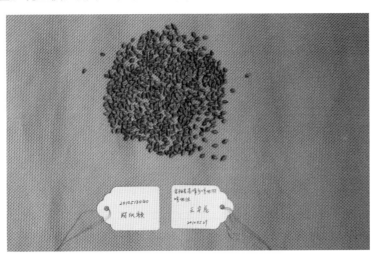

图 1.131　阿火额子粒

132. 苦荞

【学名】苦荞是苦荞麦 (*Fagopyrum tataricum* (L.) Gaertn.) 的一个品种。

【采集号与采集地】采集编号：2010512076。采集地点：四川省盐源县树河镇春天坪村。

【基本特征特性】基本特征特性鉴定结果见表1.132。

表 1.132　苦荞的基本特征特性鉴定结果（鉴定地点：四川西昌）

品种名称	株高 /cm	分枝数 / 个	单株粒数 / 粒	抗倒伏	落粒性	结实率 /%	千粒重 /g	子粒长宽比
苦荞	57	4.1	220	抗	抗	73.8	20	1.5

【优异性状】苦荞矮秆，株高一般为55~67cm，分枝数4.1个，抗倒伏力强。子粒饱满，果皮灰黑色，出粉率为74%，出米率达56%。芦丁含量在1.7%以上。面粉制的馍口感好。

【利用价值】现直接应用于生产，或可作为荞麦育种的亲本。

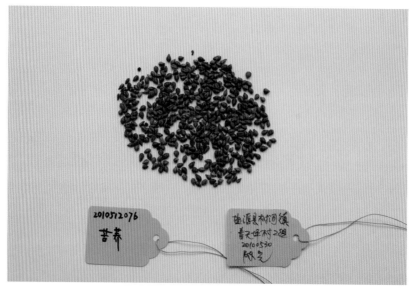

图 1.132　苦荞子粒

133. 三角形苦荞

【学名】三角形苦荞是苦荞麦 (*Fagopyrum tataricum* (L.) Gaertn.) 的一个品种。

【采集号与采集地】采集编号：2010511156。采集地点：四川省木里县李子坪乡黄泥巴村。

【基本特征特性】基本特征特性鉴定结果见表 1.133。

表 1.133　三角形苦荞的基本特征特性鉴定结果（鉴定地点：四川西昌）

品种名称	株高 /cm	分枝数 / 个	单株粒数 / 粒	抗倒伏	落粒性	结实率 /%	千粒重 /g	子粒长宽比
三角形苦荞	69	3.4	280	抗	抗	71.3	20	1.0

图 1.133　三角形苦荞子粒

【优异性状】三角形苦荞中高秆，株高一般为 60~75cm，分枝数 3.4 个，抗倒伏力强。子粒饱满，果皮灰白色，皮外带刺，出粉率为 73%，出米率达 55%。芦丁含量在 1.6% 以上。面粉制的馍口感好。

【利用价值】现直接应用于生产，或可作为荞麦育种的亲本。

134. 热柯觉额洛

该品种名称是当地彝族人对该苦荞的一种称呼。

【学名】热柯觉额洛是苦荞麦（*Fagopyrum tataricum* (L.) Gaertn.）的一个品种。

【采集号与采集地】采集编号：2010513182。采集地点：四川省金阳县热柯觉乡热柯觉村。

【基本特征特性】基本特征特性鉴定结果见表 1.134。

表 1.134　热柯觉额洛的基本特征特性鉴定结果（鉴定地点：四川西昌）

品种名称	株高 /cm	分枝数 / 个	单株粒数 / 粒	抗倒伏	落粒性	结实率 /%	千粒重 /g	子粒长宽比
热柯觉额洛	63	3.8	210	抗	抗	72.1	21	1.2

【优异性状】热柯觉额洛矮秆，株高一般为 60~70cm，分枝数 3.8 个，抗倒伏力强。子粒饱满，果皮灰色与白色结合，出粉率为 74%，出米率达 54%。芦丁含量在 1.7% 以上。面粉制的馍口感好。

【利用价值】现直接应用于生产，或可作为荞麦育种的亲本。

图 1.134　热柯觉额洛子粒

135. 额拉

该品种名称是当地彝族人对该苦荞的一种称呼。

【学名】额拉是苦荞麦（*Fagopyrum tataricum*（L.）Gaertn.）的一个品种。

【采集号与采集地】采集编号：2010513104。采集地点：四川省金阳县南瓦乡 3 村。

【基本特征特性】基本特征特性鉴定结果见表 1.135。

表 1.135　额拉的基本特征特性鉴定结果（鉴定地点：四川西昌）

品种名称	株高 /cm	分枝数 / 个	单株粒数 / 粒	抗倒伏	落粒性	结实率 /%	千粒重 /g	子粒长宽比
额拉	53	4.2	205	抗	抗	73.6	20	1.5

【优异性状】额拉矮秆，株高一般为 50~71cm，分枝数 4.2 个，抗倒伏力强。子粒饱满，果皮灰白色，出粉率为 73%，出米率达 55%。芦丁含量在 1.6% 以上。面粉制的馍口感好。

【利用价值】现直接应用于生产，或可作为荞麦育种的亲本。

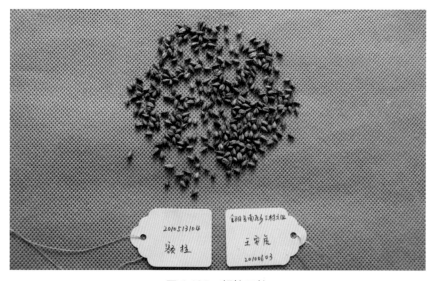

图 1.135　额拉子粒

（王莉花　隆文杰　雷涌涛　卢文洁　王艳青　张晓云　陈　波　王安虎）

第五节　薯类优异种质资源

云南及周边地区地域辽阔，属低纬度高原，具有独特的高原立体气候特点，为薯类种植的最适宜区域，故各种薯类作物在该地区均有分布和种植。在高寒山区、半山区，坝区，低海拔热带、亚热带河谷区等生态区，都有适应当地气候类型的薯类种质资源。云南及周边地区是全国各少数民族最多的聚居区，这些地区多为相对边远、交通不便的边疆，历史上较为封闭。世代居住的少数民族在薯类作物的长期种植过程中，为适应气候、生态、栽培及饮食习惯的差异，当地农民保留并种植了大量特色地方薯类品种。尤其是马铃薯，地方品种更加丰富，很多品种具有抗病、抗虫、抗旱、耐热、耐冷、耐瘠薄等特性；有的品种产量高、风味品质好、适宜不同烹调方法，如薯皮、薯肉颜色丰富的彩色马铃薯，薯形各异的牛角形马铃薯，扁形、小型马铃薯等；还有的马铃薯品种具有糯性或香味；有的高抗马铃薯晚疫病。这些品种可以直接在生产上栽培利用，也可以作为马铃薯育种的重要种质材料。

本次调查总共获得薯类资源 84 份，其中马铃薯 76 份，甘薯 6 份，木薯 2 份。本节介绍的优异薯类种质资源主要指 15 份优异马铃薯资源。

136. 甲帮洋芋

该品种因薯块较大且当地白族方言中"甲帮"意为大而得名。

【学名】甲帮洋芋是马铃薯栽培种 (*Solanum tuberosum* L.) 的一个品种。

【采集号与采集地】采集编号：20075310424。采集地点：云南省剑川县甸南镇上关甸村。

【基本特征特性】基本特征特性鉴定结果见表 1.136。

表 1.136　甲帮洋芋的基本特征特性鉴定结果（鉴定地点：云南昆明）

品种名称	株高 /cm	株形	主茎数 /个	花色	薯形	薯色	芽眼 颜色	芽眼 深度	生育期 /d	平均单株结薯数 / 个	平均单薯重/g	平均单株薯重/g
甲帮洋芋	65	半直立	2 或 3	白	扁椭圆	皮白，肉淡黄	白	中深	105	10.2	110	1080

【优异性状】甲帮洋芋属于晚熟品种，在滇西北山区春播秋收种植。该品种抗晚疫病、抗旱、耐寒能力强，株高为 60~70cm，单株产量一般在 1kg 以上，单株结薯 5~10 个，平均单薯重达 110g，大、中薯率（商品薯）达 100%，属于高产马铃薯品种，薯肉淡黄色，品质较好。

【利用价值】现直接应用于生产，由于产量高可作为商品马铃薯生产的品种之一，或可作为抗晚疫病育种材料。

图 1.136　甲帮洋芋植株和薯块

137. 宁蒗红皮洋芋

该品种因其薯块皮色为红色而得名。

【学名】宁蒗红皮洋芋是马铃薯栽培种 (*Solanum tuberosum* L.) 的一个品种。

【采集号与采集地】采集编号：2007533184。采集地点：云南省宁蒗县跑马坪乡沙力坪村。

【基本特征特性】基本特征特性鉴定结果见表 1.137。

表 1.137　宁蒗红皮洋芋的基本特征特性鉴定结果（鉴定地点：云南昆明）

品种名称	株高/cm	株形	主茎数/个	花色	薯形	薯色	芽眼颜色	芽眼深度	生育期/d	平均单株结薯数/个	平均单薯重/g	平均单株薯重/g
宁蒗红皮洋芋	59	开展	3 或 4	紫	卵圆	皮红，肉黄	红	较深	104	8.0	172.5	1380

【优异性状】宁蒗红皮洋芋属于晚熟品种，在滇西北高寒山区春播秋收种植。该品种抗晚疫病，抗旱、耐寒能力强，株高为 55~60cm，平均单薯重 172.5g，单株结薯 8~10 个，平均单株薯重 1380g，大、中薯率（商品薯）达 100%，属于高产马铃薯品种，薯皮红色，薯肉黄色，芽眼较深，品质较好。

【利用价值】现直接应用于生产，由于产量高可作为商品马铃薯生产的品种之一。

图 1.137　宁蒗红皮洋芋植株和薯块

138. 马厂耗子洋芋

该品种因其薯块形状如老鼠，俗称耗子而得名。

【学名】马厂耗子洋芋是马铃薯栽培种 (*Solanum tuberosum* L.) 的一个品种。

【采集号与采集地】采集编号：2008533943。采集地点：云南省鹤庆县南门街。

【基本特征特性】基本特征特性鉴定结果见表 1.138。

表 1.138　马厂耗子洋芋的基本特征特性鉴定结果（鉴定地点：云南昆明）

品种名称	株高/cm	株形	主茎数/个	花色	薯形	薯色	芽眼颜色	芽眼深度	生育期/d	平均单株结薯数/个	平均单薯重/g	平均单株薯重/g
马厂耗子洋芋	63	直立	2 或 3	白	纺锤形，肾形	皮红，肉红	红	中深	109	8.8	120.0	1080

【优异性状】马厂耗子洋芋属于晚熟品种，在滇西北山区春播秋收种植。该品种抗晚疫病，抗旱、耐寒能力强，株高为 55~60cm，平均单薯重 120.0g，单株结薯 8~10 个，平均单株薯重 1080g，大、中薯率（商品薯）达 100%，属于高产马铃薯品种，薯皮红色，薯肉带彩色花纹。该品种品质好，肉质面，具有独特风味，吃起来香、甜，且抗氧化，是为数不多的产量高、品质好的彩色马铃薯资源。

【利用价值】现直接应用于生产，由于产量高可作为商品马铃薯生产的品种之一，或可作为马铃薯品质、抗病和薯形育种的材料。

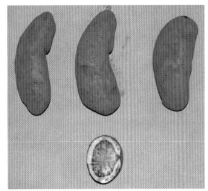

图 1.138 马厂耗子洋芋植株和薯块

139. 中甸红眼

该品种因其薯块芽眼颜色为红色而得名。

【学名】中甸红眼是马铃薯栽培种（*Solanum tuberosum* L.）的一个品种。

【采集号与采集地】采集编号：2007535091。采集地点：云南省香格里拉县三坝乡瓦刷村。

【基本特征特性】基本特征特性鉴定结果见表 1.139。

表 1.139 中甸红眼的基本特征特性鉴定结果（鉴定地点：云南昆明）

品种名称	株高 /cm	株形	主茎数 /个	花色	薯形	薯色	芽眼 颜色	芽眼 深度	生育期 /d	平均单株结薯数 /个	平均单薯重 /g	平均单株薯重 /g
中甸红眼	79	半直立	2 或 3	紫	圆形，卵形	皮淡黄，肉白	红	中深	104	8.7	120.0	1070

【优异性状】中甸红眼属于晚熟品种，20 世纪 90 年代在云南迪庆藏族自治州从地方品种中选育，为适宜春播、冬播和秋播的广适性品种。该品种抗晚疫病，耐旱、耐寒性强，生育期 100d 左右，株高为 80cm 左右，平均单薯重 120.0g，单株结薯 8~10 个，平均单株薯重 1070g，属于高产马铃薯品种，薯皮淡黄色，薯肉白色，芽眼红色。该品种由于产量高，品质好，在云南高海拔的迪庆藏族自治州深受欢迎。

【利用价值】现直接应用于生产，由于产量高可作为商品马铃薯生产的品种之一，在云南迪庆藏族自治州广泛种植。

图 1.139 中甸红眼植株和薯块

140. 陇川腰子洋芋

该品种因其薯块形状似肾形，俗称腰子而得名。

【学名】陇川腰子洋芋是马铃薯栽培种 (*Solanum tuberosum* L.) 的一个品种。

【采集号与采集地】采集编号：2008534149。采集地点：云南省陇川县户撒乡。

【基本特征特性】基本特征特性鉴定结果见表 1.140。

表 1.140 陇川腰子洋芋的基本特征特性鉴定结果（鉴定地点：云南昆明）

品种名称	株高/cm	株形	主茎数/个	花色	薯形	薯色	芽眼颜色	芽眼深度	生育期/d	平均单株结薯数/个	平均单薯重/g	平均单株薯重/g
陇川腰子洋芋	68	直立	2 或 3	紫	肾形	皮深红，肉黄	黄	中深	101	7.0	160.0	1050

【优异性状】陇川腰子洋芋属于中晚熟品种，在云南德宏傣族景颇族自治州冬播冬收，为该地区傣族种植历史长、面积广的品种。该品种抗晚疫病，具有抗寒、耐贫瘠特性，株高为 68cm，平均单薯重 160.0g，单株结薯 7~9 个，平均单株薯重 1050g，薯皮红色。该品种品质好，产量高，烹食具有香味，是傣族群众常常留作自家食用的优良品种。

【利用价值】现直接应用于生产，或可作为马铃薯品质育种、抗病和薯形育种的材料。

图 1.140 陇川腰子洋芋植株和薯块

141. 剑川红

该品种因其薯皮为红色，薯肉带红色圈纹，且产于云南剑川县而得名。

【学名】剑川红是马铃薯栽培种 (*Solanum tuberosum* L.) 的一个品种。

【采集号与采集地】采集编号：2008531312。采集地点：云南省剑川县金华镇庆华村。

【基本特征特性】基本特征特性鉴定结果见表1.141。

表1.141　剑川红的基本特征特性鉴定结果（鉴定地点：云南昆明）

品种名称	株高/cm	株形	主茎数/个	花色	薯形	薯色	芽眼		生育期/d	平均单株结薯数/个	平均单薯重/g	平均单株薯重/g
							颜色	深度				
剑川红	90	半直立	2或3	白	肾形，纺锤形	皮红，肉白色带红纹	红	浅	116	7.4	130.0	940

【优异性状】剑川红属于晚熟品种，在滇西北山区春播秋收种植。该品种抗旱、耐寒能力强，平均单薯重130.0g，单株结薯6~10个，平均单株薯重940g，大、中薯率（商品薯）达73%，产量较高，薯形多为肾形、纺锤形，薯皮红色，薯肉带红纹。该品种由于食味品质好，肉质细嫩，薯形独特，薯皮和薯肉均带红色，产量也较高，符合当地消费习惯，在大理白族自治州白族地区广泛栽培。

【利用价值】现直接应用于生产，或可作为马铃薯品质育种、抗病和薯形育种的材料。

图1.141　剑川红植株和薯块

142. 小红洋芋

该品种因其薯块形状较小，薯皮为红色而得名。

【学名】小红洋芋是马铃薯栽培种 (*Solanum tuberosum* L.) 的一个品种。

【采集号与采集地】采集编号：2008533105。采集地点：云南省腾冲县猴桥镇永兴村。

【基本特征特性】基本特征特性鉴定结果见表1.142。

表1.142　小红洋芋的基本特征特性鉴定结果（鉴定地点：云南昆明）

品种名称	株高/cm	株形	主茎数/个	花色	薯形	薯色	芽眼		生育期/d	平均单株结薯数/个	平均单薯重/g	平均单株薯重/g
							颜色	深度				
小红洋芋	49	直立	2	白	扁椭圆	皮浅红，肉黄	红	浅	115	6.0	75.0	450

【优异性状】小红洋芋属于晚熟品种，在云南保山的山区春播秋收种植，为该地区傈僳族人自留品种。该品种具抗旱、耐贫瘠特性，植株较矮，只有约50cm，薯块较小，平

均单薯重 75.0g，平均单株薯重 450g。该品种虽然产量不高，但品质特优，吃起来口感好，糯性强，香味浓郁，且久煮不烂，深受傈僳族人欢迎。

【利用价值】现直接应用于生产，或可作为马铃薯品质育种和抗逆育种的材料。

图 1.142　小红洋芋植株和薯块

143. 迷你紫洋芋

该品种因其薯块形状特小，薯皮为紫色而得名。

【学名】迷你紫洋芋是马铃薯栽培种 (*Solanum tuberosum* L.) 的一个品种。

【采集号与采集地】采集编号：2008534630。采集地点：云南省新平县扬武镇丕且莫村。

【基本特征特性】基本特征特性鉴定结果见表 1.143。

表 1.143　迷你紫洋芋的基本特征特性鉴定结果（鉴定地点：云南昆明）

品种名称	株高 /cm	株形	主茎数 /个	花色	薯形	薯色	芽眼颜色	芽眼深度	生育期 /d	平均单株结薯数 / 个	平均单薯重 /g	平均单株薯重 /g
迷你紫洋芋	39	半直立	1 或 2	淡紫	扁圆	皮深紫，肉白带紫纹	紫	浅	104	45.9	20.0	900

【优异性状】迷你紫洋芋属于晚熟品种，在滇中玉溪山区冬播春收种植。该品种适应性强、耐寒、抗旱、耐贫瘠能力强，株高只有 35~40cm，薯块特小，平均单薯重只有 20.0g，但平均单株结薯个数可达 45.9 个，单株产量在 900g 左右。该品种薯块口感好，品

图 1.143　迷你紫洋芋植株和薯块

质优，肉质细嫩。当地彝族人认为其具有健脾益气、强身益肾、抗衰老等功效，可治疗神疲乏力、筋骨损伤、关节肿痛，可药菜两用，是云南省新平县特有马铃薯资源。

【利用价值】现直接应用于生产，可作为马铃薯品质育种和抗逆育种的材料。

144. 小乌洋芋

该品种因其薯块小，薯肉带深紫色圈纹而得名。

【学名】小乌洋芋是马铃薯栽培种 (*Solanum tuberosum* L.) 的一个品种。

【采集号与采集地】采集编号：2008532490。采集地点：云南省巧家县大寨镇哆车村。

【基本特征特性】基本特征特性鉴定结果见表1.144。

表 1.144　小乌洋芋的基本特征特性鉴定结果（鉴定地点：云南昆明）

品种名称	株高/cm	株形	主茎数/个	花色	薯形	薯色	芽眼		生育期/d	平均单株结薯数/个	平均单薯重/g	平均单株薯重/g
							颜色	深度				
小乌洋芋	58	半直立	2或3	紫	圆	皮深紫，肉白带紫纹	紫	中深	112	9.0	60.0	540

【优异性状】小乌洋芋属于晚熟品种，在滇东北高寒山区春播秋收种植。该品种适应高山气候，抗病虫能力强，有耐寒、抗旱和耐贫瘠的特性，其株高为58cm，花紫色，薯块较小，平均单薯重60.0g，薯肉白色带紫纹，有的单株薯重只有210g，但由于口感好，吃起来面，有糯性，是云南省巧家县山区广泛种植的彩色马铃薯品种。

【利用价值】现直接应用于生产，或可作为马铃薯品质育种和抗逆育种的材料。

图 1.144　小乌洋芋植株和薯块

145. 小白洋芋

该品种因其薯形偏小，薯肉为白色而得名。

【学名】小白洋芋是马铃薯栽培种 (*Solanum tuberosum* L.) 的一个品种。

【采集号与采集地】采集编号：2008535547。采集地点：云南省永德县乌木龙乡石灰地村。

【基本特征特性】基本特征特性鉴定结果见表1.145。

表 1.145　小白洋芋的基本特征特性鉴定结果（鉴定地点：云南昆明）

品种名称	株高/cm	株形	主茎数/个	花色	薯形	薯色	芽眼		生育期/d	平均单株结薯数/个	平均单薯重/g	平均单株薯重/g
							颜色	深度				
小白洋芋	56	直立	3或4	白	椭圆	皮浅黄，肉白	浅黄	中深	110	6.4	90.0	576

【优异性状】小白洋芋属于晚熟品种，在云南临沧地区冬播春收种植。该品种抗病虫能力强，具有抗旱和耐贫瘠的特性，其株高为56cm，花白色，薯块偏小，平均单薯重90.0g，薯肉白色。该品种因其食味品质好，吃起来鲜嫩，还带有甜味，加工过程易脱皮，不易氧化变褐，而成为永德县白族保留的优良地方品种。

【利用价值】现直接应用于生产，或可作为马铃薯品质育种和抗逆育种的材料。

图 1.145 小白洋芋植株和薯块

146. 乌洋芋

【学名】乌洋芋是马铃薯栽培种 (*Solanum tuberosum* L.) 的一个品种。

【采集号与采集地】采集编号：2010514195。采集地点：四川省雷波县黄琅镇三海村3组。

图 1.146 乌洋芋植株和薯块形状及抗氧化能力

【优异性状】乌洋芋品质好、口感好、抗氧化能力强。该品种芽眼多，较深，薯形为不规则圆形，薯皮紫色，薯肉白色，抗氧化能力强，茎粗约2cm。

【利用价值】现在四川省凉山彝族自治州雷波县直接应用于生产，或可作为马铃薯育种的亲本。

147. 使落洋芋

【学名】使落洋芋是马铃薯种 (*Solanum tuberosum* L.) 的一个品种。

【采集号与采集地】采集编号：2010512092。采集地点：四川省盐源县白乌镇足木村3组。

【优异性状】使落洋芋是优良地方品种，种植历史悠久，目前已较少种植，主要用于烧食，产量400~500kg/667m^2。该品种早熟，生育期70~80d，一般3月播种，5月下旬即可收获。

【利用价值】现在四川省凉山彝族自治州盐源县直接应用于生产，或可作为马铃薯育种的亲本。

图 1.147　使落洋芋植株形态及薯块

148. 耗子洋芋

该品种因其块茎小而得名。

【学名】耗子洋芋是马铃薯栽培种 (*Solanum tuberosum* L.) 的一个品种。

【采集号与采集地】采集编号：2010513102。采集地点：四川省金阳县南瓦乡3村4组。

【优异性状】耗子洋芋块茎小，口感面，在海拔2600m地带生长良好，平均产量为400kg/667m^2，最高产量为500kg/667m^2，3个月成熟，熟期早。

【利用价值】现在四川省凉山彝族自治州金阳县直接应用于生产，或可作为马铃薯育种的亲本。

图 1.148　耗子洋芋薯块

149. 红皮洋芋

【学名】红皮洋芋是马铃薯栽培种 (*Solanum tuberosum* L.) 的一个品种。

【采集号与采集地】采集编号：2010512341 。采集地点：四川省稻城县香格里拉镇亚丁村。

【优异性状】红皮洋芋在一年一熟的高海拔地区 (3500~4000m) 能够较好地生长，在当地有 200 多年的种植历史，适合烤、炒。该品种生长势强，薯皮紫红色，个别薯肉质全紫红色。

【利用价值】现在四川省甘孜藏族自治州稻城县直接应用于生产，或可作为紫皮紫肉马铃薯选育材料。

图 1.149　红皮洋芋植株和薯块

150. 五彩洋芋

【学名】五彩洋芋是马铃薯栽培种 (*Solanum tuberosum* L.) 的一个品种。

【采集号与采集地】采集编号：2010514443。采集地点：四川省得荣县子庚乡子实村岗学组。

【优异性状】五彩洋芋薯皮紫红色，切开后，其呈现紫红色的花纹，故称为五彩洋芋。该品种口感好，淀粉含量高，很耐寒，可以越冬，一般 11 月种，次年 4 月收，平均产量为 1000kg/667m^2。

【利用价值】现在四川省甘孜藏族自治州得荣县直接应用于生产，或可作为马铃薯选育材料。

图 1.150　五彩洋芋薯块

（孙茂林　丁玉梅　秦晓鹏）

（本章整理汇总：蔡　青　雷涌涛　隆文杰）

第二章　经济作物优异种质资源

对云南省 31 个县（市）、四川省 8 个县（市）、西藏自治区 2 个县（市）进行了农业生物资源系统调查，参加调查的科技人员约 70 人（次）。通过系统调查，获得经济作物种质资源 370 份，其中油料作物 263 份，糖料作物 67 份，饮料作物 11 份，饲用作物 17 份及其他类 2 份。经过鉴定评价，筛选出大豆、茶树、甘蔗和其他类优异种质资源 29 份，其中大豆 12 份，茶树 3 份，甘蔗 6 份，其他类 8 份。

第一节　大豆优异种质资源

大豆是云南及周边地区的传统种植作物，主要用于豆腐、豆腐皮、豆豉、腐乳等传统豆制品的加工，同时也用于榨油和做饲料。该地区少数民族对大豆种质资源的保护与利用积累了宝贵经验。通过本次系统调查，获得大豆种质资源 230 份，其中云南 182 份，四川、西藏 48 份，均为地方品种。根据鉴定评价和调查记录的数据，筛选出 12 份优异种质，现介绍如下。

1. 黄豆

该品种的名称来自于当地俗称。

【学名】黄豆为大豆（*Glycine max* (L.) Merr.) 的一个品种。

【采集号与采集地】采集编号：2008534479。采集地点：云南省江城县康平乡曼克老村。

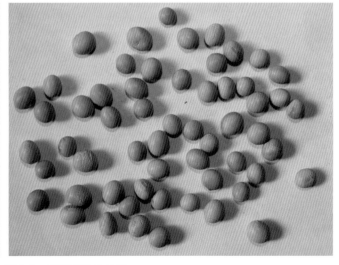

图 2.1　黄豆植株和子粒

【基本特征特性】基本特征特性鉴定结果见表 2.1。

表 2.1　黄豆的基本特征特性鉴定结果（鉴定地点：云南昆明）

品种名称	开花期/(m/d)	花色	株高/cm	茎枝数/个	实荚数/个	荚长/cm	单荚粒数/粒	粒色	百粒重/g	单株产量/g
黄豆	6/25	紫白	25.70	2.10	17.80	5.01	3.15	黄，黄绿	21.8	6.8

【优异性状】黄豆是云南省优异的地方品种，早熟，单荚粒数较高，为 3.15 粒。
【利用价值】可作为早熟育种材料。

2. 八月黄豆

该品种在当地的生态环境下，通常在农历八月有鲜豆荚上市，因而当地群众称之为八月黄豆。

【学名】八月黄豆为大豆 (*Glycine max* (L.) Merr.) 的一个品种。
【采集号与采集地】采集编号：2008533950。采集地点：云南省鹤庆县金墩乡金墩村。
【基本特征特性】基本特征特性鉴定结果见表 2.2。

表 2.2　八月黄豆的基本特征特性鉴定结果（鉴定地点：云南昆明）

品种名称	开花期/(m/d)	花色	株高/cm	茎枝数/个	实荚数/个	荚长/cm	单荚粒数/粒	粒色	百粒重/g	单株产量/g
八月黄豆	7/10	紫	102.10	2.80	11.00	5.42	2.30	黄	27.8	24.2

【优异性状】八月黄豆是云南省优异的地方品种，大粒，百粒重达 27.8g。
【利用价值】现直接应用于生产，或可作为大粒型育种材料。

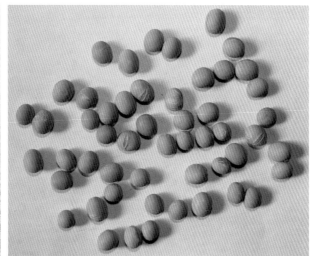

图 2.2　八月黄豆植株和子粒

3. 野猪塘虎皮大豆

该品种的名称来自于地名和成熟子粒种皮的颜色。

【学名】野猪塘虎皮大豆为大豆（*Glycine max* (L.) Merr. ）的一个品种。

【采集号与采集地】采集编号：2008535212。采集地点：云南省麻栗坡县猛硐乡昆老村。

【基本特征特性】基本特征特性鉴定结果见表2.3。

表 2.3 野猪塘虎皮大豆的基本特征特性鉴定结果（鉴定地点：云南昆明）

品种名称	开花期/(m/d)	花色	株高/cm	茎枝数/个	实荚数/个	荚长/cm	单荚粒数/粒	粒色	百粒重/g	单株产量/g
野猪塘虎皮大豆	7/23	紫	110.00	7.00	364.00	4.07	1.30	灰灰绿	8.8	57.0

【优异性状】野猪塘虎皮大豆是多荚、多分枝型品种（单株分枝达 7.00 个，单株荚数多达 364.00 个），高产（单株产量 57.0g）。

【利用价值】现直接应用于生产，或可作为育种材料。

图 2.3 野猪塘虎皮大豆子粒

4. 灰皮大豆

该品种的名称来自于成熟子粒种皮的颜色。

【学名】灰皮大豆为大豆（*Glycine max* (L.) Merr.）的一个品种。

【采集号与采集地】采集编号：2007532138。采集地点：云南省泸水县鲁掌镇鲁祖村。

【基本特征特性】基本特征特性鉴定结果见表2.4。

表 2.4 灰皮大豆的基本特征特性鉴定结果（鉴定地点：云南昆明）

品种名称	开花期/(m/d)	花色	株高/cm	茎枝数/个	实荚数/个	荚长/cm	单荚粒数/粒	粒色	百粒重/g	单株产量/g
灰皮大豆	7/7	白	56.90	4.00	78.80	4.18	1.75	灰	18.3	22.9

【优异性状】灰皮大豆抗白粉病，大田自然发病严重度为轻（对照种为重）。

【利用价值】可用作大豆白粉病抗源研究。

图 2.4　灰皮大豆植株和子粒

5. 本地大红豆

该品种的名称来自于成熟子粒种皮的颜色。

【学名】本地大红豆为大豆 (*Glycine max* (L.) Merr.) 的一个品种。

【采集号与采集地】采集编号：2008535418。采集地点：云南省永德县乌木龙乡菖蒲塘村。

【基本特征特性】基本特征特性鉴定结果见表 2.5。

表 2.5　本地大红豆的基本特征特性鉴定结果（鉴定地点：云南昆明）

品种名称	开花期/(m/d)	花色	株高/cm	茎枝数/个	实荚数/个	荚长/cm	单荚粒数/粒	粒色	百粒重/g	单株产量/g
本地大红豆	7/17	紫	150.60	5.00	138.40	4.04	2.20	灰	13.3	16.5

【优异性状】本地大红豆抗白粉病，大田自然发病严重度为轻（对照种为重）。

【利用价值】可用作大豆白粉病抗源研究。

图 2.5　本地大红豆植株和子粒

6. 拉巴豆

该品种的名称来自于当地群众用本民族语言对大豆称呼的音译。

【学名】拉巴豆为大豆 (*Glycine max* (L.) Merr.) 的一个品种。

【采集号与采集地】采集编号：2008535429。采集地点：云南省永德县乌木龙乡石灰地村。

【基本特征特性】基本特征特性鉴定结果见表 2.6。

表 2.6　拉巴豆的基本特征特性鉴定结果（鉴定地点：云南昆明）

品种名称	开花期/(m/d)	花色	株高/cm	茎枝数/个	实荚数/个	荚长/cm	单荚粒数/粒	粒色	百粒重/g	单株产量/g
拉巴豆	7/13	白	55.90	1.50	42.10	3.92	2.05	灰	15.5	10.9

【优异性状】拉巴豆抗白粉病，大田自然发病严重度为轻（对照种为重）。

【利用价值】可用作大豆白粉病抗源研究。

图 2.6　拉巴豆植株

7. 红皮大豆

该品种的名称来自于成熟子粒种皮的颜色。

【学名】红皮大豆为大豆 (*Glycine max* (L.) Merr.) 的一个品种。

【采集号与采集地】采集编号：2007532137。采集地点：云南省泸水县鲁掌镇鲁祖村。

【基本特征特性】基本特征特性鉴定结果见表 2.7。

表 2.7　红皮大豆的基本特征特性鉴定结果（鉴定地点：云南昆明）

品种名称	开花期/(m/d)	花色	株高/cm	茎枝数/个	实荚数/个	荚长/cm	单荚粒数/粒	粒色	百粒重/g	单株产量/g
红皮大豆	7/10	白	47.20	5.20	103.50	4.84	2.45	灰	21.5	40.5

【优异性状】红皮大豆是高产型品种，单株产量高达 40.5g。

【利用价值】现直接应用于生产，或可作为高产育种材料。

图 2.7　红皮大豆植株

8. 小黄豆

【学名】小黄豆为大豆 (*Glycine max* (L.) Merr.) 的一个品种。

【采集号与采集地】采集编号：2010512149。采集地点：四川省盐源县泸沽湖镇。

【优异性状】小黄豆采集地点为海拔 3095m、东经 100.91831°、北纬 27.76603°。这是迄今中国栽培大豆分布的最高海拔，比已记录的海拔近 2500m 提高了约 600m。因此，该品种具有适应低纬度高海拔地区生境的特性，是珍贵的大豆种质资源。

【利用价值】现应用于生产，或可作为培育低纬度高海拔地区抗寒大豆新品种的亲本材料。

9. 黄豆（种皮褐色）

【学名】黄豆（种皮褐色）为大豆 (*Glycine max* (L.) Merr.) 的一个品种。

【采集号与采集地】采集编号：2010512075。采集地点：四川省盐源县树河镇。

【优异性状】黄豆（种皮褐色）采集地点的海拔为 2951m，是中国栽培大豆海拔分布极高的品种，为适应低纬度高海拔生境的种质资源。

【利用价值】现直接应用于生产，并可作为低纬度高海拔地区大豆抗寒育种的亲本材料。

10. 白水豆

【学名】白水豆为大豆 (*Glycine max* (L.) Merr.) 的一个品种。

【采集号与采集地】采集编号：2010512173。采集地点：四川省盐源县泸沽湖镇。

【优异性状】白水豆采集地点为海拔 2665m、东经 100.82238°、北纬 27.74114°。该品种适宜高海拔地区种植，品质较好，耐瘠薄。

【利用价值】在当地种植百年，可作为抗寒、耐瘠薄大豆育种的亲本材料。

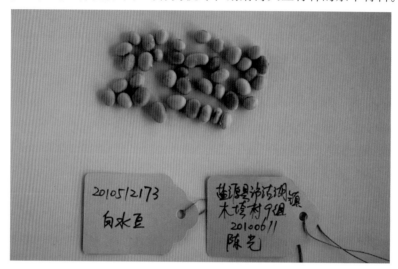

图 2.8　白水豆子粒

11. 本地黄豆

【学名】本地黄豆为大豆 (*Glycine max* (L.) Merr.) 的一个品种。

【采集号与采集地】采集编号：2010511085。采集地点：四川省木里县李子坪乡。

【优异性状】本地黄豆属于抗寒、耐瘠薄类型，并且品质较好，病害轻。该品种种植地点的海拔为 2677m，栽培管理比较粗放。

【利用价值】现应用于生产，或可作为抗寒、耐瘠薄大豆育种的亲本材料。

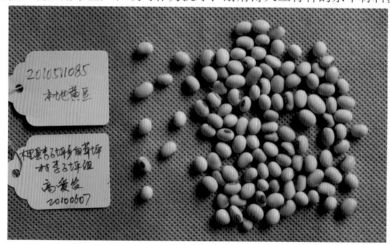

图 2.9　本地黄豆子粒

12. 牙垭大豆

【学名】牙垭大豆为大豆 (*Glycine max* (L.) Merr.) 的一个品种。

【采集号与采集地】采集编号：2010512431。采集地点：四川省稻城县俄牙同乡。

【优异性状】牙垭大豆种植地点为海拔 2512m、北纬 28.07073°，适应在低纬度高海拔地区生境种植。

【利用价值】现应用于生产，或可作为培育低纬度高海拔地区大豆新品种的亲本材料。

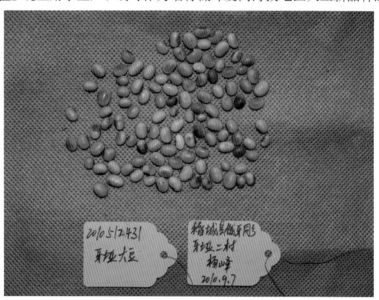

图 2.10　牙垭大豆子粒

（包世英　耿智德）

第二节　茶树优异种质资源

在云南省及周边少数民族地区的 11 个县 (市) 共调查收集茶树资源 32 份，其中地方品种 21 份，野生茶树 8 份，近缘植物 3 份，经繁殖最终存活 11 份。依据采集茶树资源在少数民族地区品种表现情况，如产量、抗性、耐瘠性、耐贮性、外观、品质、口感等特性，并结合繁殖入圃鉴定评价等技术手段，对 11 份资源进行了初步鉴定评价。在此基础上，选择了 3 份具有抗病虫、抗逆、耐贮、品质优良、外观整齐、丰产、口感好等优异性状或有科学研究价值的茶树资源，利用生理生化或分子生物学技术进行特有性状的深入鉴定评价。茶树种质资源深入鉴定评价技术主要包括 3 个方面。①农艺性状：物候期、芽叶、叶片、花器官、果实和种子等基本性状，观测物候期年度重复 2 次，农艺性状观测方法参照陈亮等制定的标准。②生化成分：常规化学成分分析从春梢第一轮上采摘一芽二叶，制成生化样，然后参考国标法分别测定水浸出物、咖啡碱、茶多酚、氨基酸含量。③加工品质：夏茶采摘一芽二叶制成红碎茶，由农业部茶叶质量监督检验测试中心审评。现将深入鉴定评价结果介绍如下。

13. 秧塔大白茶

该品种因其芽叶茸毛特多，显白色而得名。

【学名】秧塔大白茶是普洱茶 (*Camellia sinensis* var. *assamica* (Mast.) Kitamura) 的一个地方品种。

【采集号与采集地】采集编号：2008534392。采集地点：云南省景谷县民乐乡秧塔村。

【基本特征特性】基本特征特性鉴定结果见表 2.8。

表 2.8 秧塔大白茶的基本特征特性鉴定结果（鉴定地点：云南勐海）

品种名称	树高 /m	树副直径 /m	叶长 /cm	叶宽 /cm	侧脉数 / 对	一芽三叶长 /cm	一芽三叶百芽重 /g	水浸出物 /%	咖啡碱 /%	茶多酚 /%	氨基酸 /%
秧塔大白茶	4.55	2.94	17.11	6.23	12	9.92	132.52	42.94	4.79	30.96	2.82

【优异性状】秧塔大白茶嫩芽肥壮，芽叶黄绿色，茸毛特多，发芽整齐，产量高，持嫩性强，抗寒性较强，扦插成活率高；成茶肥硕重实，白毫显露，条索银白色，气味清香，茶汤清亮，滋味醇和回甜，耐泡饮，适制普洱茶、绿茶、红茶。

【利用价值】20 世纪 50 年代至今一直应用于生产，是茶中的珍品。

图 2.11 秧塔大白茶田间表现和芽头

14. 野生大叶茶

野生大叶茶是野生茶树资源，也叫羊岔街野茶。

【学名】野生大叶茶是大理茶 (*Camellia taliensis* (W. W. Smith) Melch.) 的一个品种。

【采集号与采集地】采集编号：2008533509。采集地点：云南省元江县羊岔街乡磨房村。

【基本特征特性】基本特征特性鉴定结果见表 2.9。

表 2.9 野生大叶茶的基本特征特性鉴定结果（鉴定地点：云南勐海）

品种名称	树高 /m	树副直径 /m	叶长 /cm	叶宽 /cm	侧脉数 / 对	一芽三叶长 /cm	一芽三叶百芽重 /g	水浸出物 /%	咖啡碱 /%	茶多酚 /%	氨基酸 /%
野生大叶茶	6.0	3.5	12.3	5.4	13	9.79	163.5	45.53	4.37	35.65	1.86

【优异性状】野生大叶茶芽叶黄绿色，无茸毛，抗寒性较强，抗病虫，扦插成活率高。

【利用价值】野生大叶茶具有进化上原始、抗逆性强等特性，是重要的遗传资源，或可采摘饮用。

图 2.12 野生大叶茶植株和叶片

15. 绿芽茶

该品种因其芽叶显绿色而得名。

【学名】绿芽茶是普洱茶 (*Camellia sinensis* var. *assamica* (Mast.) Kitamura) 的一个地方品种。

【采集号与采集地】采集编号：2008533735。采集地点：云南省孟连县勐马镇腊福村腊福大寨小组。

【基本特征特性】基本特征特性鉴定结果见表 2.10。

表 2.10 绿芽茶的基本特征特性鉴定结果（鉴定地点：云南勐海）

品种名称	树高/m	树副直径/m	叶长/cm	叶宽/cm	侧脉数/对	一芽三叶长/cm	一芽三叶百芽重/g	水浸出物/%	咖啡碱/%	茶多酚/%	氨基酸/%
绿芽茶	5.0	4.6	13.2	6.4	11	10.2	123.5	42.32	3.87	36.25	1.74

【优异性状】绿芽茶芽叶色泽绿色，茸毛多，干茶色泽黑褐，汤色黄绿，滋味回甜，品质优良。

【利用价值】现直接应用于生产，是加工普洱茶的优良地方品种。

图 2.13 绿芽茶植株和幼苗表现

（蒋会兵　王平盛）

第三节　甘蔗优异种质资源

通过对云南省主要少数民族地区 7 个地区 (州)12 个县 (市) 的农业生物资源系统调查，共获得甘蔗及其近缘种资源活体材料 81 份，经过繁殖、鉴定评价，淘汰 (含死亡)14 份，最终存活 67 份，其中甘蔗属 (*Saccharum*)42 份 [细茎野生种 (*S. spontaneum*)13 份、地方种 (*S. sinense*) 29 份]、蔗茅属 (*Erianthus*)21 份 [斑茅 (*E. arundinaceum*) 13 份、蔗茅 (*E. rufipilus*) 5 份、滇蔗茅 (*E. rockii*) 3 份]、芒属 (*Miscanthus*)2 份 [均属五节芒 (*M. floridulus*)]、狼尾草属 (*Pennisetum*) 2 份 [均属皇竹草 (*P. hybridum*)]。

对存活的 67 份材料在国家种质开远甘蔗圃内进行繁殖，并参考《甘蔗种质资源描述规范和数据标准》和《农作物种质资源鉴定技术规程》进行 17 个质量性状、5 个数量性状、2 个品质性状的系统评价，其中在进行品质鉴定时，野生资源采用一次旋光进行检测，地方品种材料采用通用的二次旋光进行检测。通过鉴定评价筛选出以下 6 份表现优良或特异的种质资源。

16. 大红山斑茅

【学名】大红山斑茅是甘蔗近缘属植物，属于蔗茅属 (*Erianthus* Michaux.) 的斑茅 (*E. arundinaceum* (Retz.) Jeswiet.)。

【采集号与采集地】采集编号：2008534734。采集地点：云南省新平县。

【基本特征特性】基本特征特性鉴定结果见表 2.11。

表 2.11　大红山斑茅的基本特征特性鉴定结果（鉴定地点：云南开远）

种质名称	株高 /cm	茎径 /cm	锤度 /%	蔗糖分 /%	纤维分 /%	生势
大红山斑茅	320	1.5	9.2	2.8	42.7	强

图 2.14　大红山斑茅采集地和田间评价

【优异性状】通过 2009、2010 两年在云南省农业科学院甘蔗研究所开远试验基地进行鉴定评价，结果显示，大红山斑茅株高 320cm，生势好，宿根性强，具有抗病虫、抗旱、耐贫瘠的特点。

【利用价值】可作为甘蔗育种亲本，改良生势、抗性等。

17. 紫皮甘蔗

【学名】紫皮甘蔗是甘（竹）蔗 (*Saccharum sinense* Roxb.) 的一个地方品种。

【采集号与采集地】采集编号：2008535293。采集地点：云南省麻栗坡县。

【基本特征特性】基本特征特性鉴定结果见表 2.12。

表 2.12　紫皮甘蔗的基本特征特性鉴定结果（鉴定地点：云南开远）

品种名称	株高 /cm	茎径 /cm	锤度 /%	蔗糖分 /%	纤维分 /%	生势
紫皮甘蔗	203.6	2.4	19.4	14.2	6.7	中

【优异性状】紫皮甘蔗抗寒、抗霜冻，可在 1400m 以上的高海拔地区种植而不会被霜害冻死。通过 2009、2010 两年在云南省农业科学院甘蔗研究所开远试验基地进行鉴定评价，结果显示，该品种口感甜软，宿根性好，易于种植。

【利用价值】作特殊药用，蔗茎捣碎敷于患处，消肿止痛（苗族）；蔗茎加黑金竹叶煎水服用，治疗感冒（壮族）。或可作为甘蔗育种亲本，改良宿根性、抗寒性等。

图 2.15　紫皮甘蔗采集地和田间评价

18. 滇蔗茅

【学名】滇蔗茅属于蔗茅属 (*Erianthus* Michaux.) 的滇蔗茅 (*E. rockii* Keng)，主要分布于四川、云南、西藏等地海拔 500~2700m 的干燥山坡草地。

【采集号与采集地】采集编号：2008532138。采集地点：云南省西盟县。

【基本特征特性】基本特征特性鉴定结果见表2.13。

表2.13　滇蔗茅的基本特征特性鉴定结果（鉴定地点：云南开远）

种质名称	株高/cm	茎径/cm	锤度/%	蔗糖分/%	纤维分/%	生势
滇蔗茅	104.2	0.4	6	1.8	34.5	强

【优异性状】通过2009、2010两年在云南省农业科学院甘蔗研究所开远试验基地进行鉴定评价，结果显示，滇蔗茅生势强，具有较强的抗病性（花叶病、锈病）、抗旱性、耐贫瘠性等。

【利用价值】属于较珍贵的甘蔗种质资源，是进行甘蔗抗锈病研究的重要材料。

图2.16　滇蔗茅采集地和田间评价

19. 蔗茅

【学　名】蔗茅是甘蔗近缘属植物，属于蔗茅属（*Erianthus* Michaux.）的蔗茅（*E. rufipilus*）。

【采集号与采集地】采集编号：2008532113。采集地点：云南省澜沧县文东乡小寨村。

【基本特征特性】基本特征特性鉴定结果见表2.14。

表2.14　蔗茅的基本特征特性鉴定结果（鉴定地点：云南开远）

种质名称	株高/cm	茎径/cm	锤度/%	蔗糖分/%	纤维分/%	生势
蔗茅	1.34	0.4	18.08	8.35	37.43	强

【优异性状】蔗茅耐寒、耐贫瘠。通过2009、2010两年在云南省农业科学院甘蔗研究所开远试验基地进行鉴定评价，结果显示，该品种锤度高达18.08%，蔗糖分为8.35%，在同类资源中表现突出。

【利用价值】可作为能源甘蔗育种亲本杂交材料。

图 2.17　蔗茅采集地和田间评价

20. 割手密

【学名】割手密是甘蔗属 (*Saccharum* L.) 的细茎野生种 (*S. spontaneum*)。

【采集号与采集地】采集编号：20070417-002-III。采集地点：云南省耿马县孟定镇芒美村。

【基本特征特性】基本特征特性鉴定结果见表 2.15。

表 2.15　割手密的基本特征特性鉴定结果（鉴定地点：云南开远）

种质名称	株高 /cm	茎径 /cm	锤度 /%	蔗糖分 /%	纤维分 /%	生势
割手密	2.95	0.7	14.36	6.02	47.95	强

图 2.18　割手密采集地和田间评价

【优异性状】割手密耐旱、耐贫瘠。通过 2009、2010 两年在云南省农业科学院甘蔗研究所开远试验基地进行鉴定评价，结果显示，该品种纤维分高达 47.95 %，比一般割手密平均纤维分 (37.2%) 高 10.75%。

【利用价值】可作为高纤维分甘蔗育种亲本杂交材料。

21. 皇竹草

【学名】皇竹草是狼尾草属 (*Pennisetum* Rich.) 皇竹草 (*P. hybridum*) 的一个品种，多年生，外引驯化栽培种，由象草和美洲狼尾草杂交选育而成，属四碳植物。

【采集号与采集地】采集编号：2008532134。采集地点：云南省澜沧县酒井乡勐根村。

【基本特征特性】基本特征特性鉴定结果见表 2.16。

表 2.16　皇竹草的基本特征特性鉴定结果（鉴定地点：云南开远）

品种名称	株高 /cm	茎径 /cm	锤度 /%	蔗糖分 /%	纤维分 /%	生势
皇竹草	3.2	1.3	6	1.02	47.68	强

【优异性状】通过 2009、2010 两年在云南省农业科学院甘蔗研究所开远试验基地进行鉴定评价，结果显示，皇竹草每丛有 5~10 株，多的可达 20 多株。该品种生物产量较高，年生物产量在 $17.2t/667m^2$ 左右。

【利用价值】在青饲方面有开发前景。

图 2.19　皇竹草采集地和田间评价

（应雄美）

第四节　其他类优异种质资源

22. 硬杆子草

硬杆子草广泛分布于云南，多见于滇东南、滇西南，生于海拔 300~1400m 的林下疏林、灌木丛类草地、山坡、田野或路旁。

【学名】*Capillipedium assimile* (Steud) A. Camus。

【采集号与采集地】采集编号：2007533356。采集地点：云南省元阳县新街镇安分寨村。

【基本特征特性】基本特征特性鉴定结果如下。

多年生草本。秆坚硬似小竹，多分枝，高 6~150cm，有时蔓生。叶片常有白粉，基部渐狭。分枝簇生，再分小枝呈总状花序。穗轴逐节断落，节间与小穗柄均纤细并有纵沟，有长纤毛。小穗成对生于各节或 3 枚顶生。有柄小穗不孕，无芒，较无柄小穗长 1/2~1 倍，无柄小穗基盘钝。第一颖两侧上部具脊。芒膝曲，自第二外稃顶端伸出。花期为 8~11 月。

【优异性状】硬杆子草为当地良等牧草，平均株高一般为 60~70cm，抗倒伏力强。

【利用价值】刈牧利用后，老枝革质粗糙。牛、马、羊喜食开花期的叶片和初花期的花序，花期后老枝革质粗糙。为良等牧草，产鲜草 250~500kg/667m^2。

图 2.20　硬杆子草生长表现

23. 牛筋草

牛筋草分布于全世界温带和热带地区；一年生草本植物。

【学名】*Eleusine indica* (L.) Gaertn。

【采集号与采集地】采集编号：2007533353。采集地点：云南省元阳县新街镇安分寨村。

【基本特征特性】基本特征特性鉴定结果如下。

一年生草本。须根细而密。秆丛生，直立或基部膝曲，高 15~90cm。叶片扁平或卷折，长达 15cm，宽 3~5mm。穗状花序，长 3~10cm，小穗有花 3~6 朵。种子矩圆形，近三角形，长约 1.5mm，有明显的波状皱纹。花、果期为 6~10 月。

【优异性状】牛筋草穗状花序数个呈指状排列于茎顶端，常为 3 个，气微，味淡。该品种为当地良等牧草，平均株高一般为 40~50cm，抗倒伏力强。

【利用价值】牛、马、羊喜食开花期的叶片和初花期的花序，花期后老枝草质粗糙。为良等牧草，产鲜草 250~500kg/667m^2。主治清热、利湿，可以治伤暑发热、小儿急惊、黄疸、痢疾、淋病、小便不利，并能防治乙脑。

图 2.21　牛筋草生长表现

24. 金色狗尾草

金色狗尾草分布于较潮湿农田、沟渠或路旁。

【学名】*Setaria glauca* (L.) Beauv. 。

【采集号与采集地】采集编号：2007533355。采集地点：云南省元阳县新街镇安分寨村。

【基本特征特性】基本特征特性鉴定结果如下。

茎秆直立或基部倾斜，节外生根，株高 20~90cm。叶片条状细长，叶片基部多具毛。直立，刚毛金黄色或略带褐色，长 8mm，小穗有 1~2 朵花，先端稍尖，一般一簇中仅有 1 个发育。谷粒端尖，成熟的具横皱纹，背部隆起。花、果期 6~10 月。

【优异性状】金色狗尾草平均株高 50~60cm。

【利用价值】良等饲用牧草，为马、牛、羊所喜食。

图 2.22　金色狗尾草生长表现

25. 虎尾草

禾本科虎尾草属一年生草本植物。

【学名】 *Chloris virgata* Swartz。

【采集号与采集地】 采集编号：2007533377。采集地点：云南省元阳县黄草岭乡河堤村。

【基本特征特性】 基本特征特性鉴定结果如下。

一年生草本。丛生，高 10~60cm。叶片扁平。穗状花序长 3~5cm，呈扫帚状，小穗紧密排列于穗轴一侧，成熟后带紫色。种子小。适生于路边、荒地、果园，苗圃也极常见。

【优异性状】 虎尾草适应性极强，耐干旱，喜湿润，不耐淹；喜肥沃，耐瘠薄。

【利用价值】 可以用来建虎尾草草地，在第一次放牧或刈割前，应使其充分生长，并开花结实，应减少利用次数。生长 2 年以上的草地，一般每年利用 3~5 次为好，适宜轮牧；连续重牧往往导致杂草的侵入。刈制青干草，适宜在开花初期收割。

图 2.23　虎尾草生长表现

26. 鼠尾草

【学名】*Salvia farinacea* Benth.。

【采集号与采集地】采集编号：2007533364。采集地点：云南省元阳县新街镇安分寨村。

【基本特征特性】基本特征特性鉴定结果如下。

多年生草本。茎直立，四棱形，高 40~60cm。轮伞花序，每轮 2~6 花，组成伸长的总状花序或总状圆锥花序。小坚果椭圆形，褐色，光滑。花期为 6~9 月。

【优异性状】鼠尾草干叶或鲜叶有香气、稍具刺激性，用其叶片泡的茶，很久以来一直用作补药。

【利用价值】干燥后的气味浓厚，一般在煮汤或味道浓烈的肉类食物时，加入少许可缓和味道，掺入沙拉中享用，更能发挥养颜美容的功效。花可拿来泡茶，散发清香味道，可消除体内油脂，帮助循环，具抗菌、止泻的效果，含雌激素，孕妇应避免使用。

图 2.24　鼠尾草生长表现

27. 皱叶狗尾草

禾本科狗尾草属植物。

【学名】*Setaria plicata* (Lam.) T. Cooke。

【采集号与采集地】采集编号：2007533352。采集地点：云南省元阳县新街镇安分寨村。

【基本特征特性】基本特征特性鉴定结果如下。

多年生草本。茎秆直立，基部有时扩展，高达 1m。叶片椭圆形至矩圆形，有强皱褶，长 7~25cm，宽 1.2~3cm。圆锥花序尖塔形，疏散，长达 30cm，甚至更长，绿色。小穗椭圆形，长约 3mm。

【利用价值】为阴湿地上或林下一种野草，果实可食，能解毒杀虫、驱风。

图 2.25　皱叶狗尾草生长表现

28. 本地木薯

【学名】*Manihot esculenta* Crantz。

【采集号与采集地】采集编号：2007535304。采集地点：云南省金平县勐拉乡翁当村。

【基本特征特性】基本特征特性鉴定结果如下。

灌木状多年生作物。茎直立，木质，高 2~5m。单叶互生，掌状深裂，纸质，披针形。花单性，圆锥花序，顶生，雌雄同序。种植后 3~5 个月开始开花，同序的花，雌花先开，雄花后开，相距 7~10d。蒴果，矩圆形。种子褐色。根有细根、粗根和块根，块根肉质，富含淀粉。

【优异性状】本地木薯单株产量为 30kg 以上，$667m^2$ 产量为 2t 以上，块茎及肉白色，当地作为主食。木薯适应性强，耐旱耐瘠。

【利用价值】在饲料生产、工业应用等方面具有重要作用，已成为广泛种植的主要的加工淀粉和饲料作物。木薯粉品质优良，可供食用，或工业上制作乙醇、果糖、葡萄糖等。

图 2.26　本地木薯生长表现

29. 小桐子

【学名】*Jatropha curcas* L.。

【采集号与采集地】采集编号：2007535273。采集地点：云南省金平县勐拉乡新勐村。

【基本特征特性】 基本特征特性鉴定结果如下。

大戟科落叶灌木或小乔木油料作物。喜光，根系粗壮发达，枝、干、根近肉质，组织松软，含水分、浆汁多，有毒性，不易燃烧。在我国北亚热带地区栽培的小桐子每年初花期为 4 月，果熟期为 10 月。

【优异性状】具有较强的耐干旱和瘠薄能力，抗病虫害。

【利用价值】小桐子的果实可以榨油，已成为理想的生物燃料作物，甚至有人认为它是解决能源危机、缓解全球气候变暖的"救星"。在生长过程中，可以吸收二氧化碳，榨出的油燃烧一般不会产生污染。3kg 种子可提炼 1kg 生物柴油，含油率高的品种每 2kg 种子就可提炼 1kg 生物柴油。经济价值高，是国际上研究最多的生物柴油能源植物之一，是公认的最有可能成为未来替代化石能源、具有巨大开发潜力的树种。

图 2.27　小桐子生长表现

（杨顺林）

第三章 蔬菜作物优异种质资源

通过本项目系统调查，采集了14类蔬菜作物种质资源，包括根菜类、白菜类、甘蓝类、芥菜类、绿叶菜类、茄果类、瓜类、菜用豆类、葱蒜类、薯芋类、水生蔬菜类、多年生蔬菜类、香料类、野菜类，共计876份。2008~2010年，对采集到种子量充足的有性繁殖蔬菜和部分无性繁殖蔬菜种质分别在云南昆明和北京进行了田间种植和表型性状观测评价。

在田间表型性状初步鉴定的基础上，重点对综合农艺性状优良的黄瓜、茄子和辣椒种质进行了深入评价。在鉴定温室，采用苗期人工接种方法对17份优良黄瓜种质的蔓枯病抗性，23份茄子枯萎病、黄萎病抗性和42份辣椒种质的疫病抗性进行了苗期人工接种鉴定，获得了11份抗蔓枯病的黄瓜种质，17份抗或高抗枯萎病的茄子种质，20份抗黄萎病的茄子种质，9份抗疫病的辣椒种质。

利用高效液相色谱对21份优良黄瓜种质果实的类胡萝卜素含量进行了分析，获得5份高胡萝卜素（大于150mg/kgDW）黄瓜种质。利用高效气相色谱仪对88份次的辣椒优良种质成熟果实的辣椒素进行了分析，共获得辣椒素总量超过5.00mg/g的种质34份。利用分子分光光度计对21份黄瓜果实的主要矿质元素进行了分析，获得4份高铁元素含量和1份高锌元素含量种质。

综合分析表型性状、抗病特性和品质性状，共获得优异蔬菜种质40份，包括黄瓜15份，茄子16份，辣椒9份。下面分3节分别予以阐述。

第一节 黄瓜优异种质资源

1. 曼皮棕黄地黄瓜

【学名】曼皮棕黄地黄瓜为西双版纳黄瓜变种（*Cucumis sativus* L. var. *xishuangbannanesis* Qi et Yuan）的一个品种。

【采集号与采集地】采集编号：2007532441。采集地点：云南省勐海县西定乡曼皮村。

【基本特征特性】基本特征特性鉴定结果见表3.1和表3.1.1。

表 3.1　曼皮棕黄地黄瓜的农艺性状鉴定结果（鉴定地点：北京市昌平区南口）

品种名称	叶色	叶面	瓜形	老瓜皮色	单瓜重/g	瓜长/cm	瓜粗/cm	瓜形指数	瓜肉厚/cm
曼皮棕黄地黄瓜	深绿	微皱	卵圆	棕黄	762	20	8.7	2.30	2.1

表 3.1.1 曼皮棕黄地黄瓜的品质分析鉴定结果（鉴定地点：北京市昌平区南口）

品种名称	可溶性糖/%	VC/(mg/100g)	Ca/(mg/kg)	Fe/(mg/kg)	Mg/(mg/kg)	P/(mg/kg)	Zn/(mg/kg)	β-胡萝卜素/(mg/kgDW)	叶黄素/(mg/kgDW)
曼皮棕黄地黄瓜	1.76	5.94	133	2.26	133	439	3.27	227.9	0.477

【优异性状】曼皮棕黄地黄瓜是我国特有的半野生黄瓜变种资源，其植株通常表现为生长势强，侧枝发达，同时具有果实卵圆形、大脐、果肉橙红色等与黄瓜明显不同而与甜瓜相近的特征。曼皮棕黄地黄瓜 β-胡萝卜素含量特高，达到 227.90mg/kgDW。

【利用价值】可用于高 β-胡萝卜素黄瓜品质育种。

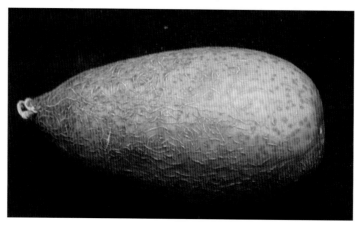

图 3.1 曼皮棕黄地黄瓜果实

2. 曼佤圆棕黄地黄瓜

【学名】曼佤圆棕黄地黄瓜为西双版纳黄瓜变种 (*Cucumis sativus* L. var. *xishuangbannanesis* Qi et Yuan) 的一个品种。

【采集号与采集地】采集编号：2007532415 。采集地点：云南省勐海县西定乡贺松村。

【基本特征特性】基本特征特性鉴定结果见表 3.2 和表 3.2.1。

表 3.2 曼佤圆棕黄地黄瓜的农艺性状鉴定结果（鉴定地点：北京市昌平区南口）

种质名称	叶色	叶面	瓜形	老瓜皮色	单瓜重/g	瓜长/cm	瓜粗/cm	瓜形指数	瓜肉厚/cm
曼佤圆棕黄地黄瓜	深绿	微皱	长圆	棕黄	1059	22.3	11.2	1.99	1.8

表 3.2.1 曼佤圆棕黄地黄瓜的品质分析鉴定结果（鉴定地点：北京市昌平区南口）

种质名称	可溶性糖/%	VC/(mg/100g)	Ca/(mg/kg)	Fe/(mg/kg)	Mg/(mg/kg)	P/(mg/kg)	Zn/(mg/kg)	β-胡萝卜素/(mg/kgDW)	叶黄素/(mg/kgDW)
曼佤圆棕黄地黄瓜	2.05	5.27	184	0.56	126	419	1.15	205.05	0.426

【优异性状】曼佤圆棕黄地黄瓜是我国特有的半野生黄瓜变种资源，其植株表现为生长势强，侧枝发达。曼佤圆棕黄地黄瓜 β-胡萝卜素含量特高，达到 205.05mg/kgDW。

【利用价值】可用于高 β-胡萝卜素黄瓜品质育种。

图 3.2　曼佤圆棕黄地黄瓜果实

3. 纳京地黄瓜

【学名】纳京地黄瓜为西双版纳黄瓜变种 (*Cucumis sativus* L. var. *xishuangbannanesis* Qi et Yuan) 的一个品种。

【采集号与采集地】采集编号：2007532336。采集地点：云南省勐海县。

【基本特征特性】纳京地黄瓜的基本特征特性鉴定结果见表 3.3 和表 3.3.1。

表 3.3　纳京地黄瓜的农艺性状鉴定结果（鉴定地点：北京市昌平区南口）

种质名称	叶色	叶面	瓜形	老瓜皮色	单瓜重 /g	瓜长 /cm	瓜粗 /cm	瓜形指数	瓜肉厚 /cm
纳京地黄瓜	深绿	微皱	长圆	白	796	19	8.7	2.18	2.6

表 3.3.1　纳京地黄瓜的品质分析鉴定结果（鉴定地点：北京市昌平区南口）

种质名称	可溶性糖 /%	VC /(mg/100g)	Ca /(mg/kg)	Fe /(mg/kg)	Mg /(mg/kg)	P /(mg/kg)	Zn /(mg/kg)	β- 胡萝卜素 /(mg/kgDW)	叶黄素 /(mg/kgDW)
纳京地黄瓜	1.23	4.95	234	1.53	121	218	1.76	70.85	0.521

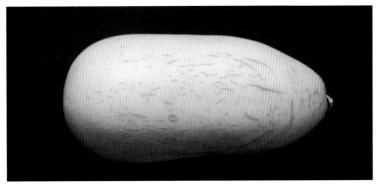

图 3.3　纳京地黄瓜果实

【优异性状】纳京地黄瓜是我国特有的半野生黄瓜变种资源，其植株生长势强，侧枝发达。果实长圆形、大脐、果肉橙红，与甜瓜相近。纳京地黄瓜 β- 胡萝卜素含量高，为70.85mg/kgDW。

【利用价值】可用于高 β- 胡萝卜素黄瓜品质育种。

4. 本地地黄瓜

【学名】本地地黄瓜为西双版纳黄瓜变种 (*Cucumis sativus* L. var. *xishuangbannanesis* Qi et Yuan) 的一个品种。

【采集号与采集地】采集编号：2007534529。采集地点：云南省勐腊县。

【基本特征特性】基本特征特性鉴定结果见表 3.4 和表 3.4.1。

表 3.4　本地地黄瓜的农艺性状鉴定结果（鉴定地点：北京市昌平区南口）

种质名称	叶色	叶面	瓜形	老瓜皮色	单瓜重 /g	瓜长 /cm	瓜粗 /cm	瓜形指数	瓜肉厚 /cm
本地地黄瓜	深绿	微皱	长圆	棕黄	970	20	9	2.22	1.9

表 3.4.1　本地地黄瓜的品质分析鉴定结果（鉴定地点：北京市昌平区南口）

种质名称	可溶性糖 /%	VC /(mg/100g)	Ca /(mg/kg)	Fe /(mg/kg)	Mg /(mg/kg)	P /(mg/kg)	Zn /(mg/kg)	β- 胡萝卜素 /(mg/kgDW)	叶黄素 /(mg/kgDW)
本地地黄瓜	2.07	5.82	185	0.07	89.5	311	0.33	49.45	0.726

【优异性状】本地地黄瓜是我国特有的半野生黄瓜变种资源，目前仅在我国云南省西双版纳傣族自治州州发现有分布。其植株生长势强，侧枝发达，果实长圆形、大脐、果肉橙红色等特征特性与甜瓜相近。本地地黄瓜果肉色是 β- 胡萝卜素大量积累的结果。

【利用价值】可用于高 β- 胡萝卜素黄瓜品质育种。

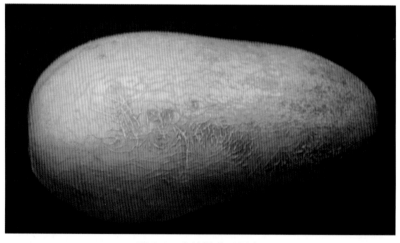

图 3.4　本地地黄瓜果实

5. 长黄地黄瓜

【学名】长黄地黄瓜为西双版纳黄瓜变种 (*Cucumis sativus* L. var. *xishuangbannanesis* Qi et Yuan) 的一个品种。

【采集号与采集地】采集编号：2007532440。采集地点：云南省勐海县。

【基本特征特性】基本特征特性鉴定结果见表 3.5 和表 3.5.1。

表 3.5 长黄地黄瓜的农艺性状鉴定结果（鉴定地点：北京市昌平区南口）

种质名称	叶色	叶面	瓜形	老瓜皮色	单瓜重 /g	瓜长 /cm	瓜粗 /cm	瓜形指数	瓜肉厚 /cm
长黄地黄瓜	深绿	微皱	椭圆	浅黄	689	16.8	9.2	1.83	2.4

表 3.5.1 长黄地黄瓜的品质分析鉴定结果（鉴定地点：北京市昌平区南口）

种质名称	可溶性糖 /%	VC /(mg/100g)	Ca /(mg/kg)	Fe /(mg/kg)	Mg /(mg/kg)	P /(mg/kg)	Zn /(mg/kg)	β- 胡萝卜素 /(mg/kgDW)	叶黄素 /(mg/kgDW)
长黄地黄瓜	2.61	6.26	107	1.04	126	474	1.41	98.12	0.096

【优异性状】长黄地黄瓜植株表现为生长势强，侧枝发达，果实椭圆形、大脐、果肉橙红色。长黄地黄瓜果肉色是 β- 胡萝卜素大量积累的结果，是异于普通黄瓜的重要特异性状。

【利用价值】可用于高 β- 胡萝卜素黄瓜品质育种。

图 3.5 长黄地黄瓜果实

6. 地黄瓜

【学名】地黄瓜为西双版纳黄瓜变种 (*Cucumis sativus* L. var. *xishuangbannanesis* Qi et Yuan) 的一个品种。

【采集号与采集地】采集编号：2007532249。采集地点：云南省勐海县。

【基本特征特性】地黄瓜的基本特征特性鉴定结果见表 3.6 和表 3.6.1。

表 3.6 地黄瓜的农艺性状鉴定结果（鉴定地点：北京市昌平区南口）

种质名称	叶色	叶面	瓜形	老瓜皮色	单瓜重 /g	瓜长 /cm	瓜粗 /cm	瓜形指数	瓜肉厚 /cm
地黄瓜	深绿	微皱	长圆	浅黄	1814	31	9.6	3.23	3.1

表 3.6.1　地黄瓜的品质分析鉴定结果（鉴定地点：北京市昌平区南口）

种质名称	可溶性糖 /%	VC /(mg/100g)	Ca /(mg/kg)	Fe /(mg/kg)	Mg /(mg/kg)	P /(mg/kg)	Zn /(mg/kg)	β-胡萝卜素 /(mg/kgDW)	叶黄素 /(mg/kgDW)
地黄瓜	1.92	4.75	170	0.98	125	268	1.24	89.92	0.353

【优异性状】 地黄瓜是我国特有的半野生黄瓜变种资源，其具有生长势强，叶色深绿，节间短，侧枝发达的特性。地黄瓜果肉 β-胡萝卜素含量高，为 89.92mg/kgDW，是异于普通黄瓜的重要特异性状。

【利用价值】 可用于高 β-胡萝卜素黄瓜品质育种。

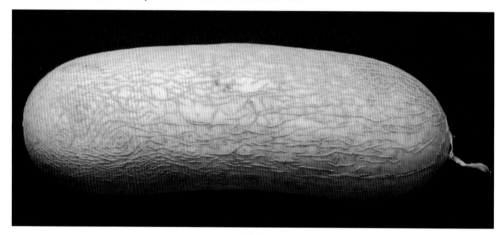

图 3.6　地黄瓜果实

7. 长棕黄地黄瓜

【学名】 长棕黄地黄瓜为西双版纳黄瓜变种（*Cucumis sativus* L. var. *xishuangbannanesis* Qi et Yuan）的一个品种。

【采集号与采集地】 采集编号：2007532414。采集地点：云南省勐海县。

【基本特征特性】 基本特征特性鉴定结果见表 3.7 和表 3.7.1。

表 3.7　长棕黄地黄瓜的农艺性状鉴定结果（鉴定地点：北京市昌平区南口）

种质名称	叶色	叶面	瓜形	老瓜皮色	单瓜重 /g	瓜长 /cm	瓜粗 /cm	瓜形指数	瓜肉厚 /cm
长棕黄地黄瓜	深绿	微皱	长圆	棕黄	791	15.5	11.8	1.31	2.1

表 3.7.1　长棕黄地黄瓜的品质分析鉴定结果（鉴定地点：北京市昌平区南口）

种质名称	可溶性糖 /%	VC /(mg/100g)	Ca /(mg/kg)	Fe /(mg/kg)	Mg /(mg/kg)	P /(mg/kg)	Zn /(mg/kg)	β-胡萝卜素 /(mg/kgDW)	叶黄素 /(mg/kgDW)
长棕黄地黄瓜	1.47	4.24	114	1.49	85.5	320	0.55	60.41	0.398

【优异性状】 长棕黄地黄瓜是我国特有的半野生黄瓜变种资源，其植株生长势强，侧枝发达，果实长圆形、大脐、果肉橙红色。长棕黄地黄瓜特异的橙红色果肉是 β-胡萝卜素大量积累的结果，β-胡萝卜素含量达 60.41mg/kgDW。

【利用价值】 可用于高 β-胡萝卜素黄瓜品质育种。

图 3.7　长棕黄地黄瓜果实

8. 黄瓜

【学名】黄瓜为黄瓜（*Cucumis sativus* L.）的一个华南型品种。

【采集号与采集地】采集编号：2007531698。采集地点：云南省屏边县新现乡期咪村。

【基本特征特性】基本特征特性鉴定结果见表 3.8。

表 3.8　黄瓜的基本特征特性鉴定结果（鉴定地点：北京市昌平区南口）

种质名称	瓜形	嫩瓜皮色	瓜面斑纹	瓜刺多少	瓜刺色	瓜棱	瓜面蜡粉	老瓜皮色	水分	品质
黄瓜	长圆筒	绿花	点、条	中	棕	微棱	无	棕黄	少	优

【优异性状】黄瓜抗蔓枯病，病情指数为 16.14。

【利用价值】可作为黄瓜蔓枯病抗源进行抗病育种及发掘抗蔓枯病相关基因的材料。

图 3.8　黄瓜果实

9. 黄瓜

【学名】黄瓜为黄瓜 (*Cucumis sativus* L.) 的一个华南型品种。

【采集号与采集地】采集编号：2007533247。采集地点：云南省元阳县新街镇安分寨村。

【基本特征特性】基本特征特性鉴定结果见表 3.9。

表 3.9　黄瓜的基本特征特性鉴定结果（鉴定地点：北京市昌平区南口）

种质名称	瓜形	嫩瓜皮色	瓜面斑纹	瓜面斑纹色	瓜刺多少	瓜刺色	瓜棱	瓜面蜡粉	老瓜皮色
黄瓜	长圆筒	绿	条	黄	中	黄	无棱	无	黄

【优异性状】黄瓜抗蔓枯病，病情指数为 13.93。

【利用价值】可作为黄瓜蔓枯病抗源进行抗病育种及发掘抗蔓枯病相关基因的材料。

图 3.9　黄瓜果实

10. 黄瓜

【学名】黄瓜为黄瓜 (*Cucumis sativus* L.) 的一个华南型品种。

【采集号与采集地】采集编号：2007534139。采集地点：云南省贡山县普拉底乡力透底村。

【基本特征特性】基本特征特性鉴定结果见表 3.10。

表 3.10　黄瓜的基本特征特性鉴定结果（鉴定地点：北京市顺义区杨镇）

种质名称	子叶形态	子叶形状	主蔓色	主蔓刺毛密度	主蔓刺毛硬度	叶色	叶形	叶缘	叶片尖端形状	叶姿	叶刺毛密度	叶柄着生角度	瓜形	瓜刺色	瓜刺多少
黄瓜	平展	长椭圆	浅绿	密	软	绿	掌状	浅锯齿	尖	向下	中	半直立	短圆筒	棕	中

【优异性状】黄瓜抗蔓枯病，病情指数为 15.80。

【利用价值】可作为黄瓜蔓枯病抗源进行抗病育种及发掘抗蔓枯病相关基因的材料。

图 3.10　黄瓜果实

11. 象牙黄瓜

【学名】象牙黄瓜为黄瓜 (*Cucumis sativus* L.) 的一个华南型品种。

【采集号与采集地】采集编号：2007534547 。采集地点：云南省勐腊县象明乡安乐村。

【基本特征特性】基本特征特性鉴定结果见表 3.11。

表 3.11　象牙黄瓜的基本特征特性鉴定结果（鉴定地点：北京市昌平区南口）

种质名称	瓜形	嫩瓜皮色	瓜面斑纹	瓜面斑纹色	瓜刺多少	瓜刺色	瓜棱	瓜面蜡粉
象牙黄瓜	长圆筒	绿	条	黄	少	白	微棱	无

【优异性状】象牙黄瓜抗蔓枯病，病情指数为 11.20。

【利用价值】可作为黄瓜蔓枯病抗源进行抗病育种及发掘抗蔓枯病相关基因的材料。

图 3.11　象牙黄瓜果实

12. 圆果黄瓜

【学名】圆果黄瓜为黄瓜 (*Cucumis sativus* L.) 的一个华南型品种。

【采集号与采集地】采集编号：2007534554 。采集地点：云南省勐腊县象明乡安乐村安乐小组。

【基本特征特性】基本特征特性鉴定结果见表 3.12。

表 3.12　圆果黄瓜的基本特征特性鉴定结果（鉴定地点：北京市昌平区南口）

种质名称	瓜形	嫩瓜皮色	瓜面斑纹	瓜面斑纹色	瓜刺多少	瓜棱	瓜面蜡粉	品质
圆果黄瓜	短圆筒	绿	点	深绿	无	无棱	无	优

【优异性状】圆果黄瓜高抗蔓枯病，病情指数为 7.53。

【利用价值】可作为黄瓜蔓枯病抗源进行抗病育种及发掘抗蔓枯病相关基因的材料。

图 3.12　圆果黄瓜果实

13. 红皮黄瓜

【学名】红皮黄瓜为黄瓜 (*Cucumis sativus* L.) 的一个华南型品种。

【采集号与采集地】采集编号：2007534555 。采集地点：云南省勐腊县象明乡安乐村。

【基本特征特性】基本特征特性鉴定结果见表 3.13。

表 3.13　红皮黄瓜的基本特征特性鉴定结果（鉴定地点：北京市昌平区南口）

种质名称	瓜形	嫩瓜皮色	瓜面斑纹	瓜面斑纹色	瓜刺多少	瓜刺色	瓜棱	瓜面蜡粉	品质
红皮黄瓜	长圆筒	浅绿	点	深绿	少	白	微棱	无	优

【优异性状】红皮黄瓜抗蔓枯病，病情指数为 15.10。

【利用价值】可作为黄瓜蔓枯病抗源进行抗病育种及发掘抗蔓枯病相关基因的材料。

图 3.13　红皮黄瓜果实

14. 本地黄瓜

【学名】本地黄瓜为黄瓜 (*Cucumis sativus* L.) 的一个华南型品种。

【采集号与采集地】采集编号：2007534633。采集地点：云南省勐腊县勐伴镇勐伴村。

【基本特征特性】基本特征特性鉴定结果见表 3.14。

表 3.14　本地黄瓜的基本特征特性鉴定结果（鉴定地点：北京市昌平区南口）

种质名称	瓜形	嫩瓜皮色	瓜面斑纹	瓜面斑纹色	瓜刺多少	瓜刺色	瓜棱	瓜面蜡粉	品质
本地黄瓜	长圆筒	浅绿	点	绿	少	白	微棱	无	优

【优异性状】本地黄瓜抗蔓枯病，病情指数为 12.03。

【利用价值】可作为黄瓜蔓枯病抗源进行抗病育种及发掘抗蔓枯病相关基因的材料。

图 3.14　本地黄瓜果实

15. 本地黄瓜

【学名】 本地黄瓜为黄瓜 (*Cucumis sativus* L.) 的一个华南型品种。

【采集号与采集地】 采集编号：2007534717。采集地点：云南省勐腊县尚勇乡曼庄村。

【基本特征特性】 基本特征特性鉴定结果见表 3.15。

表 3.15　本地黄瓜的基本特征特性鉴定结果（鉴定地点：北京市昌平区南口）

种质名称	瓜形	嫩瓜皮色	瓜面斑纹	瓜面斑纹色	瓜刺多少	瓜刺色	瓜棱	瓜面蜡粉	品质
本地黄瓜	长圆筒	浅绿	点	深绿	少	白	微棱	无	优

【优异性状】 本地黄瓜抗蔓枯病，病情指数为 11.15。

【利用价值】 可作为黄瓜蔓枯病抗源进行抗病育种及发掘抗蔓枯病相关基因的材料。

图 3.15　本地黄瓜果实

第二节　茄子优异种质资源

16. 苦子果

该品种因其果实味苦而得名。

【学名】 苦子果是茄科茄属的野生资源，其学名有待鉴定。

【采集号与采集地】 采集编号：2007531853。采集地点：云南省屏边县白河乡白河宝寨。

【基本特征特性】 基本特征特性鉴定结果见表 3.16。

表 3.16　苦子果的基本特征特性鉴定结果（鉴定地点：北京市顺义区杨镇）

品种名称	株型	株高/cm	分枝性	叶形	商品果色	果面斑纹	果面斑纹色	商品果纵径/cm	商品果横径/cm	果形	果实弯曲程度	果实横切面形状	熟性
苦子果	直立	98.2	中	卵圆	白绿	细条	浅绿	0.4	0.56	圆球	直	圆	极晚

【优异性状】 果小而味苦，是当地居民喜吃的野生蔬菜，具有清热解毒、利尿消肿等药效。苦子果高抗茄子黄萎病和枯萎病。

【利用价值】 可作为茄子抗逆和改良果实味道育种的亲本。

图 3.16　苦子果花和果实

17. 野苦茄

该品种因其果实味苦而得名。

【学名】野苦茄是茄科茄属的野生资源，其学名有待鉴定。

【采集号与采集地】采集编号：2007532225。采集地点：云南省勐海县勐遮镇曼扫村。

【基本特征特性】基本特征特性鉴定结果见表 3.17。

表 3.17　野苦茄的基本特征特性鉴定结果（鉴定地点：北京市顺义区杨镇）

品种名称	株型	株高 /cm	分枝性	叶形	商品果色	果面斑纹	果面斑纹色	商品果纵径 /cm	商品果横径 /cm	果形	熟性
野苦茄	开展	102.8	中	掌状	白绿	斑驳状	浅绿	1.34	1.96	圆球	极早

【优异性状】野苦茄果实味苦，是当地居民喜吃的野生蔬菜，具有清热解毒、利尿消肿、祛风湿等药效。野苦茄高抗茄子黄萎病和枯萎病。

【利用价值】可作为茄子抗逆和改良果实味道育种的亲本。

图 3.17　野苦茄野生生境和果实

18. 曼佤野茄

曼佤野茄是果实味苦的茄属野生植物。

【学名】*Solanum coagulans* Forsk。

【采集号与采集地】采集编号：2007532407。采集地点：云南省勐海县西定乡贺松村。

【基本特征特性】基本特征特性鉴定结果见表3.18。

表3.18　曼佤野茄的基本特征特性鉴定结果（鉴定地点：北京市顺义区杨镇）

品种名称	株型	株高/cm	分枝性	叶形	商品果色	果面斑纹	果面斑纹色	商品果纵径/cm	商品果横径/cm	果形	熟性
曼佤野茄	半直立	91.6	强	卵圆	白绿	细条	浅绿	0.36	0.44	圆球	中

【优异性状】曼佤野茄果小而味苦，是当地居民喜吃的野生蔬菜，具有清热解毒、利尿消肿等药效。曼佤野茄高抗茄子黄萎病和抗茄子枯萎病。

【利用价值】可作为茄子抗逆和改良果实味道育种的亲本。

图3.18　曼佤野茄生境和果实

19. 本地茄子

【学名】本地茄子为茄 (*Solanum melongena* L.) 的一个地方品种。

【采集号与采集地】采集编号：2007533314。采集地点：云南省元阳县牛角寨乡欧乐村。

【基本特征特性】基本特征特性鉴定结果见表3.19。

表3.19　本地茄子的基本特征特性鉴定结果（鉴定地点：北京市顺义区杨镇）

品种名称	株型	株高/cm	分枝性	叶形	商品果色	果面斑纹	果面斑纹色	商品果纵径/cm	商品果横径/cm	果形	熟性
本地茄子	直立	73.4	中	长卵圆	鲜紫	细条	浅绿	11.8	8	高圆	极早

【优异性状】本地茄子是具有较好品质的地方品种。商品果口感好，颜色鲜紫。抗茄子黄萎病和枯萎病。

【利用价值】可直接应用于生产，也可作为茄子抗逆和改良果实味道育种的亲本。

图 3.19　本地茄子植株和果实

20. 野茄子

野茄子因其果实味苦而得名。

【学名】野茄子是茄科茄属的野生资源，其学名有待鉴定。

【采集号与采集地】采集编号：2007534098。采集地点：云南省贡山县丙中洛乡秋那桶村。

【基本特征特性】基本特征特性鉴定结果见表 3.20。

表 3.20　野茄子的基本特征特性鉴定结果（鉴定地点：北京市顺义区杨镇）

品种名称	株型	株高 /cm	分枝性	叶形	商品果色	果面斑纹	果面斑纹色	商品果纵径 /cm	商品果横径 /cm	果形	单株果数 / 个	熟性
野茄子	半直立	119.6	强	掌状	白绿	斑驳状	浅绿	1.34	1.96	圆球	36	极早

【优异性状】野茄子果小而味苦，是当地居民喜吃的野生蔬菜，具有清热解毒、利尿消肿等药效。野茄子成熟极早。高抗茄子黄萎病和枯萎病。

【利用价值】可作为茄子抗逆、改良果实味道和熟性育种的亲本。

图 3.20　野茄子生境和果实

21. 五指茄

五指茄因其果实果肩突起五角呈指状而得名。

【学名】*Solanum mammosum* L.。

【采集号与采集地】采集编号：2007534514。采集地点：云南省勐腊县县城近郊。

【基本特征特性】基本特征特性鉴定结果见表 3.21。

表 3.21　五指茄的基本特征特性鉴定结果（鉴定地点：北京市顺义区杨镇）

品种名称	株型	株高 /cm	分枝性	叶形	商品果色	果面斑纹	果面斑纹色	商品果纵径 /cm	商品果横径 /cm	果形	单株果数 / 个	熟性
五指茄	半直立	79.8	中	掌状	白绿	细条	浅绿	6.6	4.3	卵圆	5.8	中

【优异性状】五指茄果形奇特，且成熟果为金黄色，可供观赏。当地民族也将其作为药用植物，可入药治胃病、冠心病。同时，经田间鉴定五指茄高抗茄子黄萎病和枯萎病。

【利用价值】可直接应用于生产，作为观赏蔬菜，或可作为茄子抗逆和改良果实味道育种的亲本。

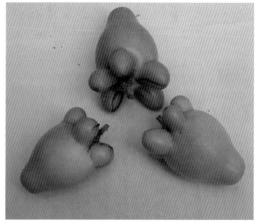

图 3.21　五指茄生境和果实

22. 紫团茄

【学名】紫团茄为茄 (*Solanum melongena* L.) 的一个地方品种。

【采集号与采集地】采集编号：2007534628。采集地点：云南省勐腊县勐伴镇回落村。

【基本特征特性】基本特征特性鉴定结果见表 3.22。

表 3.22　紫团茄的基本特征特性鉴定结果（鉴定地点：北京市顺义区杨镇）

品种名称	株高 /cm	分枝性	叶形	商品果色	果面斑纹	商品果纵径 /cm	商品果横径 /cm	果形	熟性
紫团茄	74.6	中	卵圆	鲜紫	无	11	6	卵圆	晚

【优异性状】紫团茄是具有较好品质的地方品种，经田间鉴定抗茄子黄萎病和枯萎病。

【利用价值】可直接应用于生产，或可作为茄子抗病育种的亲本。

图 3.22　紫团茄田间长势和果实

23. 白团茄

【学名】白团茄为茄 (*Solanum melongena* L.) 的一个地方品种。

【采集号与采集地】采集编号：2007534629。采集地点：云南省勐腊县勐伴镇回落村。

【基本特征特性】基本特征特性鉴定结果见表 3.23。

表 3.23　白团茄的基本特征特性鉴定结果（鉴定地点：北京市顺义区杨镇）

品种名称	株型	株高 /cm	分枝性	叶形	商品果色	果面斑纹	果面斑纹色	商品果纵径 /cm	商品果横径 /cm	果形	熟性
白团茄	半直立	81.8	中	卵圆	鲜紫	斑驳状	白	9	7	高圆	中

【优异性状】白团茄是具有较好品质的地方品种，经田间鉴定白团茄抗茄子黄萎病和枯萎病。

【利用价值】可直接应用于生产，或可作为茄子抗病育种的亲本。

图 3.23　白团茄田间长势和果实

24. 生食茄子

【学名】生食茄子为茄 (*Solanum melongena* L.) 的一个地方品种。

【采集号与采集地】采集编号：2007534665。采集地点：云南省勐腊县尚勇乡磨憨村。

【基本特征特性】基本特征特性鉴定结果见表 3.24。

表 3.24　生食茄子的基本特征特性鉴定结果（鉴定地点：北京市顺义区杨镇）

品种名称	株型	株高 /cm	分枝性	叶形	商品果色	果面斑纹	果面斑纹色	商品果纵径 /cm	商品果横径 /cm	果形	熟性
生食茄子	半直立	82.4	中	卵圆	绿	宽条	白	4	5.2	扁圆	晚

【优异性状】生食茄子是具有较好品质的地方品种，口感好，可生食，味微苦，具有清热解暑功效。苗期鉴定抗茄子黄萎病和中抗茄子枯萎病。

【利用价值】可直接应用于生产，或可作为茄子抗病和改良果实味道育种的亲本。

图 3.24　生食茄子生境和果实

25. 野生莿茄

该品种因植株茎秆和叶片生有较坚硬的莿毛而得名。

【学名】野生莿茄是茄科茄属的野生资源，其学名有待鉴定。

【采集号与采集地】采集编号：2007534666。采集地点：云南省勐腊县尚勇乡磨憨村。

【基本特征特性】基本特征特性鉴定结果见表 3.25。

表 3.25　野生莿茄的基本特征特性鉴定结果（鉴定地点：北京市顺义区杨镇）

品种名称	株型	株高 /cm	分枝性	叶形	商品果色	果面斑纹	果面斑纹色	商品果纵径 /cm	商品果横径 /cm	果形	单株果数 / 个	熟性
野生莿茄	半直立	94	中	卵圆	绿	宽条	白	3.5	4.2	圆球	7.4	晚

【优异性状】野生莿茄是采集于云南省勐腊县尚勇乡磨憨村的野生茄科茄属资源。其果小、味苦，是当地居民喜吃的野生蔬菜，具有清热解毒、利尿消肿等药效。野生莿茄的主要特点为果实较小，商品果纵径约 3.5cm，圆球形，成熟果为黄白色，成熟晚，株高 80~110cm，苗期鉴定高抗茄子黄萎病和中抗茄子枯萎病。

【利用价值】可作为茄子抗病和改良果实味道育种的亲本。

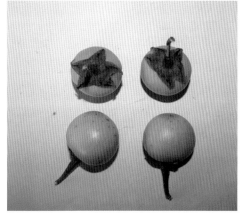

图 3.25　野生莿茄生境和果实

26. 小茄子

小茄子因其果实特小而得名。

【学名】小茄子是茄科茄属的野生资源，其学名有待鉴定。

【采集号与采集地】采集编号：2007534681。采集地点：云南省勐腊县尚勇乡磨憨村。

【基本特征特性】基本特征特性鉴定结果见表 3.26。

表 3.26　小茄子的基本特征特性鉴定结果（鉴定地点：北京市顺义区杨镇）

品种名称	株型	株高 /cm	分枝性	叶形	商品果色	果面斑纹	果面斑纹色	商品果纵径 /cm	商品果横径 /cm	果形	单株果数 / 个	熟性
小茄子	半直立	89	中	卵圆	绿	细条	白	0.44	0.48	圆球	32	极早

【优异性状】小茄子果特小而味苦，是当地居民喜吃的野生蔬菜，具有清热解毒、利尿消肿等药效。成熟极早，高抗茄子黄萎病和枯萎病。

【利用价值】可作为茄子抗病、改良果实味道和熟性育种的亲本。

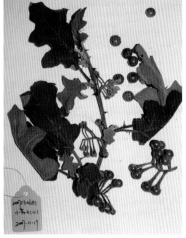

图 3.26　小茄子生境和果实

27. 黄圆茄子

【学名】黄圆茄子为茄 (*Solanum melongena* L.) 的一个地方品种。

【采集号与采集地】采集编号：2007534714。采集地点：云南省勐腊县尚勇乡曼庄村。

【基本特征特性】基本特征特性鉴定结果见表 3.27。

表 3.27　黄圆茄子的基本特征特性鉴定结果（鉴定地点：北京市顺义区杨镇）

品种名称	株型	株高 /cm	分枝性	叶形	商品果色	果面斑纹	果面斑纹色	商品果纵径 /cm	商品果横径 /cm	果形	单株果数 / 个
黄圆茄子	半直立	87	中	卵圆	绿	细条	白	8.25	4.75	高圆	6.04

【优异性状】黄圆茄子是具有较好品质的地方品种，口感好。中抗茄子黄萎病和高抗茄子枯萎病。

【利用价值】可直接应用于生产，或可作为茄子抗病和改良果实味道育种的亲本。

图 3.27　黄圆茄子田间长势和果实

28. 茄子 -1

【学名】茄子 -1 为茄 (*Solanum melongena* L.) 的一个地方品种。

【采集号与采集地】采集编号：2007534715。采集地点：云南省勐腊县尚勇乡曼庄村。

【基本特征特性】基本特征特性鉴定结果见表 3.28。

表 3.28　茄子 -1 的基本特征特性鉴定结果（鉴定地点：北京市顺义区杨镇）

品种名称	株型	株高 /cm	分枝性	叶形	商品果色	果面斑纹	果面斑纹色	商品果纵径 /cm	商品果横径 /cm	果形	熟性
茄子 -1	半直立	91.6	中	卵圆	绿	细条	白	11.3	5.1	卵圆	中

【优异性状】茄子 -1 是具有较好品质的地方品种，口感好。高抗茄子黄萎病和中抗茄子枯萎病。

【利用价值】可直接应用于生产，或可作为茄子抗病和改良果实味道育种的亲本。

图 3.28　茄子 -1 田间长势

29. 茄子 -2

【学名】茄子 -2 为茄 (*Solanum melongena* L.) 的一个地方品种。

【采集号与采集地】采集编号：2007534716。采集地点：云南省勐腊县尚勇乡曼庄村。

【基本特征特性】基本特征特性鉴定结果见表 3.29。

表 3.29　茄子 -2 的基本特征特性鉴定结果（鉴定地点：北京市顺义区杨镇）

品种名称	株型	株高 /cm	分枝性	叶形	商品果色	果面斑纹	果面斑纹色	商品果纵径 /cm	商品果横径 /cm	果形	单株果数 / 个	熟性
茄子 -2	半直立	81.8	弱	卵圆	鲜紫	细条	浅绿	11.4	3.8	短筒	1	早

【优异性状】茄子 -2 是具有较好品质的地方品种，口感好。高抗茄子黄萎病和中抗茄子枯萎病。

【利用价值】可直接应用于生产，或可作为茄子抗病和改良果实味道育种的亲本。

图 3.29　茄子 -2 田间长势

30. 扁红茄

扁红茄因其果实扁、成熟果为红色而得名。

【学名】扁红茄是茄科茄属的野生资源，其学名有待鉴定。

【采集号与采集地】采集编号：2007534737。采集地点：云南省勐腊县关累镇。

【基本特征特性】基本特征特性鉴定结果见表 3.30。

表 3.30　扁红茄的基本特征特性鉴定结果（鉴定地点：北京市顺义区杨镇）

品种名称	株型	株高 /cm	分枝性	叶形	商品果色	果面斑纹	果面斑纹色	商品果纵径 /cm	商品果横径 /cm	果形	单株果数 / 个	熟性
扁红茄	直立	108.4	中	长卵圆	白绿	细条	浅绿	3.67	5.17	扁圆	1.4	极早

【优异性状】扁红茄果特小而味苦，是当地居民喜吃的野生蔬菜，具有清热解毒、利尿消肿等药效。成熟极早，高抗茄子黄萎病和枯萎病。果皮为红色，鲜艳独特，且可食，茄子中少见。

【利用价值】可作为茄子抗病、改良果实味道和熟性育种的亲本。

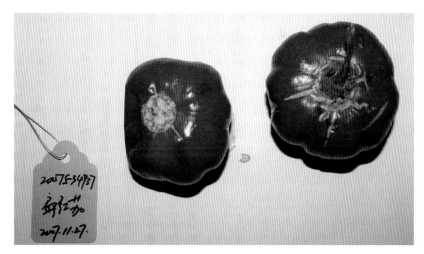

图 3.30 扁红茄果实

31. 野茄

野茄是茄科茄属的野生资源，又名小苦子。

【学名】野茄是茄科茄属的野生资源，其学名有待鉴定。

【采集号与采集地】采集编号：2007534252。采集地点：云南省金平县勐拉乡新勐村。

【基本特征特性】基本特征特性鉴定结果见表3.31。

表 3.31 野茄的基本特征特性鉴定结果（鉴定地点：北京市顺义区杨镇）

品种名称	株型	株高/cm	分枝性	叶形	商品果色	果面斑纹	果面斑纹色	商品果纵径/cm	商品果横径/cm	果形	单株果数/个	熟性
野茄	半直立	103.8	中	枫叶形	绿	细条	浅绿	0.68	0.58	圆球	10	极晚

【优异性状】野茄果小而味苦，是当地居民喜吃的野生蔬菜，具有清热解毒、利尿消肿等药效。野茄成熟极晚，抗茄子黄萎病和高抗茄子枯萎病。

【利用价值】可作为茄子抗病、改良果实味道和熟性育种的亲本。

图 3.31 野茄生境和果实

第三节 辣椒优异种质资源

32. 涮辣

该品种具特有的辛辣气味，辣味极强，不能直接食用，只能将果实切开，在热汤中涮几下，整锅汤即有辛辣味，因而得名涮辣。

【学名】涮辣是多年生灌木状辣椒新栽培变种 (*Capsicum frutescens* L. cv. *shuanlaense* L. D. Zhou, H. Liu et P. H. Li, cv. Nov) 的一个品种。

【采集号与采集地】采集编号：2008532110。采集地点：云南省澜沧县文东乡小寨村。

【基本特征特性】基本特征特性鉴定结果见表 3.32。

表 3.32 涮辣的基本特征特性鉴定结果（鉴定地点：北京市顺义区杨镇）

品种名称	株型	株高/cm	株幅/cm	叶长/cm	叶宽/cm	花冠色	花柱颜色	花药颜色	青熟果色	老熟果色	果实纵径/cm	果实横径/cm	果形	单果重/g	分枝类型
涮辣	开展	108.2	95.2	10	5.08	白	白	浅蓝	黄绿	鲜红	6.55	2.48	长锥形	5.4	无限分枝

【优异性状】涮辣属于稀有辣椒种质资源。利用超声波法提取辣椒素，高效液相色谱法分析测定辣椒素含量 52.72mg/g，辣椒二氢素 14.57mg/g。

【利用价值】现直接应用于生产，或可作为辣椒育种亲本，特别是作为高辣椒素育种的亲本。

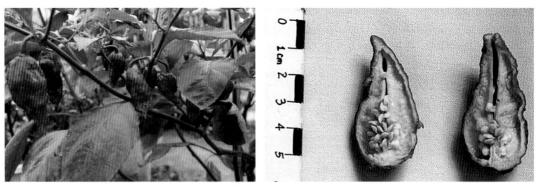

图 3.32 涮辣田间表现和果实纵切面

33. 本地小米辣

该品种辣味强，果形小，故得名小米辣。

【学名】小米辣是多年生灌木状辣椒 (*Capsicum frutescens* L.) 的一个品种。

【采集号与采集地】采集编号：2007534526。采集地点：云南省勐腊县象明乡倚邦村。

【基本特征特性】基本特征特性鉴定结果见表 3.33。

表 3.33 本地小米辣的基本特征特性鉴定结果（鉴定地点：北京市顺义区杨镇）

品种名称	株型	株高/cm	株幅/cm	叶长/cm	叶宽/cm	花冠色	花柱颜色	花药颜色	老熟果色	果实纵径/cm	果实横径/cm	果形	单果重/g	分枝类型
本地小米辣	直立	123.4	50.6	14.3	7.68	浅绿	白	蓝	暗红	4.57	0.42	长指形	1.4	无限分枝

【优异性状】本地小米辣属于多年生灌木状辣椒种质资源。利用超声波法提取辣椒素，高效液相色谱法分析测定辣椒素含量 11.57mg/g，辣椒二氢素 3.48mg/g。

【利用价值】现直接应用于生产，或可作为辣椒育种亲本，特别是作为高辣椒素育种的亲本。

图 3.33 本地小米辣田间表现

34. 小米辣

该品种辣味强，果形小，故得名小米辣。

【学名】小米辣是多年生灌木状辣椒 (*Capsicum frutescens* L.) 的一个品种。

【采集号与采集地】采集编号：2008534572。采集地点：云南省新平县平甸乡磨皮村。

【基本特征特性】基本特征特性鉴定结果见表 3.34。

表 3.34 小米辣的基本特征特性鉴定结果（鉴定地点：北京市顺义区杨镇）

品种名称	株型	株高/cm	株幅/cm	叶长/cm	叶宽/cm	花冠色	花柱颜色	花药颜色	青熟果色	老熟果色	果实纵径/cm	果实横径/cm	果形	单果重/g	分枝类型
小米辣	直立	108	46.8	9.9	4.3	白	白黄	浅蓝	绿	鲜红	4.61	0.96	短羊角形	1.8	无限分枝

【优异性状】小米辣属于多年生灌木状辣椒种质资源。利用超声波法提取辣椒素，高效液相色谱法分析测定辣椒素含量 12.63mg/g，辣椒二氢素 2.91mg/g。

【利用价值】现直接应用于生产，或可作为辣椒育种亲本，特别是作为高辣椒素育种的亲本。

图 3.34　小米辣田间表现

35. 小米辣

该品种辣味强，果形小，故得名小米辣。

【学名】小米辣是多年生灌木状辣椒 (*Capsicum frutescens* L.) 的一个品种。

【采集号与采集地】采集编号：2007534677。采集地点：云南省勐腊县尚勇乡磨憨村。

【基本特征特性】基本特征特性鉴定结果见表 3.35。

表 3.35　小米辣的基本特征特性鉴定结果（鉴定地点：北京市顺义区杨镇）

品种名称	株型	株高/cm	株幅/cm	叶长/cm	叶宽/cm	花冠色	花柱颜色	花药颜色	青熟果色	老熟果色	果实纵径/cm	果实横径/cm	果形	单果重/g	分枝类型
小米辣	直立	105.2	45.4	10.8	5.46	浅绿	白	蓝	绿	鲜红	2.12	0.77	短指形	0.6	无限分枝

【优异性状】小米辣属于多年生灌木状辣椒种质资源。利用超声波法提取辣椒素，高效液相色谱法分析测定辣椒素含量 7.93mg/g，辣椒二氢素 3.99mg/g。

【利用价值】现直接应用于生产，或可作为辣椒育种亲本，特别是作为高辣椒素育种的亲本。

图 3.35　小米辣田间表现

36. 小米辣

该品种辣味强，果形小，故得名小米辣。

【学名】小米辣是多年生灌木状辣椒（*Capsicum frutescens* L.）的一个品种。

【采集号与采集地】采集编号：2008535666。采集地点：云南省罗平县旧屋基乡法湾村。

【基本特征特性】基本特征特性鉴定结果见表 3.36。

表 3.36　小米辣的基本特征特性鉴定结果（鉴定地点：北京市顺义区杨镇）

品种名称	株型	株高/cm	株幅/cm	叶长/cm	叶宽/cm	花冠色	花柱颜色	花药颜色	青熟果色	老熟果色	果实纵径/cm	果实横径/cm	果形	单果重/g	分枝类型
小米辣	开展	135.4	47.8	12.6	5.64	浅绿	白	浅蓝	黄白	鲜红	3.49	0.88	短羊角形	1	无限分枝

图 3.36　小米辣田间表现

【优异性状】小米辣属于多年生灌木状辣椒种质资源。利用超声波法提取辣椒素,高效液相色谱法分析测定辣椒素含量 9.47mg/g,辣椒二氢素 2.43mg/g。

【利用价值】现直接应用于生产,或可作为辣椒育种亲本,特别是作为高辣椒素育种的亲本。

37. 曼皮小米辣

该品种辣味强,果形小,故得名小米辣。

【学名】曼皮小米辣是多年生灌木状辣椒 (*Capsicum frutescens* L.) 的一个品种。

【采集号与采集地】采集编号:2007532450。采集地点:云南省勐海县西定乡曼皮村。

【基本特征特性】基本特征特性鉴定结果见表 3.37。

表 3.37 曼皮小米辣的基本特征特性鉴定结果(鉴定地点:北京市顺义区杨镇)

品种名称	株型	株高/cm	株幅/cm	叶长/cm	叶宽/cm	花冠色	花柱颜色	花药颜色	青熟果色	老熟果色	果实纵径/cm	果实横径/cm	果形	单果重/g	分枝类型
曼皮小米辣	半直立	47.4	32.4	7	3.74	白	白	黄	绿	鲜红	2.5	0.68	短牛角形	0.5	无限分枝

【优异性状】曼皮小米辣属于多年生灌木状辣椒种质资源。经抗疫病鉴定,高抗疫病,病情指数为 1.74。

【利用价值】现直接应用于生产,或可作为辣椒育种亲本,特别是作为抗辣椒疫病育种的亲本。

图 3.37 曼皮小米辣田间表现

38. 越南小米辣

该品种辣味强,果形小,故得名小米辣。

【学名】越南小米辣是多年生灌木状辣椒 (*Capsicum frutescens* L.) 的国外引进品种。

【采集号与采集地】采集编号：2007535258。采集地点：云南省金平县勐拉乡新勐村。

【基本特征特性】基本特征特性鉴定结果见表 3.38。

表 3.38　越南小米辣的基本特征特性鉴定结果（鉴定地点：北京市顺义区杨镇）

品种名称	株型	株高/cm	株幅/cm	叶长/cm	叶宽/cm	花冠色	花柱颜色	花药颜色	青熟果色	老熟果色	果实纵径/cm	果实横径/cm	果形	单果重/g	分枝类型
越南小米辣	半直立	73.2	40	7.5	3.96	白	白	浅黄	绿	鲜红	3.42	0.66	短指形	0.5	无限分枝

【优异性状】越南小米辣属于多年生灌木状辣椒种质资源。经抗疫病鉴定，高抗疫病，病情指数为 0.93。

【利用价值】现直接应用于生产，或可作为辣椒育种亲本，特别是作为抗辣椒疫病育种的亲本。

图 3.38　越南小米辣田间表现

39. 野辣子

该品种辣味强，观赏性强，采集时处于野生状态，无人栽培，故得名野辣子。

【学名】野辣子是一年生辣椒 (*Capsicum annuum* L.) 的一个地方品种。

【采集号与采集地】采集编号：2008533859。采集地点：云南省鹤庆县六合乡五星村。

【基本特征特性】基本特征特性鉴定结果见表 3.39。

表 3.39　野辣子的基本特征特性鉴定结果（鉴定地点：北京市顺义区杨镇）

品种名称	株型	株高/cm	株幅/cm	叶长/cm	叶宽/cm	花冠色	花柱颜色	花药颜色	青熟果色	老熟果色	果实纵径/cm	果实横径/cm	果形	单果重/g	分枝类型
野辣子	半直立	51	48.6	7.06	2.9	白	白	黄	绿	鲜红	1.93	2.11	圆球形	5.6	无限分枝

图 3.39　野辣子田间表现

【优异性状】 利用超声波法提取辣椒素，高效液相色谱法分析测定辣椒素含量 10.05mg/g，辣椒二氢素 3.78mg/g。

【利用价值】 现直接应用于生产，或可作为辣椒育种亲本，特别是作为高辣椒素育种的亲本。

40. 小米辣

该品种辣味强，果形小，故得名小米辣。

【学名】 小米辣是一年生辣椒 (*Capsicum annuum* L.) 的一个地方品种。

【采集号与采集地】 采集编号：200853-4427。采集地点：云南省江城县国庆乡田房村。

【基本特征特性】 基本特征特性鉴定结果见表 3.40。

表 3.40　小米辣的基本特征特性鉴定结果（鉴定地点：北京市顺义区杨镇）

品种名称	株型	株高/cm	株幅/cm	叶长/cm	叶宽/cm	花冠色	花柱颜色	花药颜色	青熟果色	老熟果色	果实纵径/cm	果实横径/cm	果形	单果重/g	分枝类型
小米辣	半直立	101	60.8	16.8	11.8	白	白	蓝	绿	鲜红	4.23	0.95	短羊角形	1.2	无限分枝

【优异性状】 利用超声波法提取辣椒素，高效液相色谱法分析测定辣椒素含量 8.46mg/g，辣椒二氢素 2.32mg/g。

【利用价值】 现直接应用于生产，或可作为辣椒育种亲本，特别是作为高辣椒素育种的亲本。

图 3.40　小米辣田间表现

（李锡香　沈镝　王海平　邱杨　刘发万　宋江萍　匡成兵）

第四章　果树作物优异种质资源

通过参加项目组组织的 9 次大型系统考察及 1 次专项调查，果树及多年生经济作物课题组在云南及周边地区的 41 个县（市）开展了系统调查，共调查获得有效资源 351 份。由于系统调查的 41 个县（市）自然环境、民族、海拔高低等的不同，收集的民族地区的资源涵盖有北热带、南亚热带、中亚热带、北亚热带、南温带、中温带和高原气候区等气候类型，海拔高差大，温差也较大，同时，由于民族生活习惯、习俗、喜好、生活方式的不同，利用或占有果树资源存在一定的差异，采集的果树种质资源丰富，多样性明显。

上述资源材料有接穗、插条、果实、种子等，通过采取嫁接、扦插、播种、定植幼苗等方式进行了繁殖、入圃和鉴定评价。由于果树具有多年生、花果性状入圃评价周期长、以无性繁殖为主的特性，其园艺性状相关信息与评价主要以调查地调查为主，采取原生地初步评价与资源采集、繁殖入圃同步进行的技术方案。在此基础上，选择了 50 余份具有抗病虫、抗逆、耐贮、品质优良、外观整齐、丰产、口感好、含特殊成分、具有特殊利用价值（如药用或保健用）等优异性状或有科学研究价值的果树资源，利用生理生化或分子生物学技术进行特有性状的鉴定分析与评价。

果树种质资源鉴定评价技术主要包括以下 4 个方面：①种质资源的耐热性鉴定。将嫁接成活的一年生幼苗放进光照培养箱中进行耐热性比较，供试材料每份 3 株，培养箱的温度分别设置在 30℃、35℃、40℃，每个温度段的时间为 7d，湿度控制在 85%。培养结束后，对供试材料的生长状态、叶片萎蔫情况、气孔开张大小、落叶情况等进行观察比较，并采用电导法对其耐热性进行鉴定。耐热程度分为 5 级（Ⅰ、Ⅱ、Ⅲ、Ⅳ、Ⅴ），分别对应数字 1、3、5、7、9，级数越大，耐热程度越高。②种质资源的耐旱性鉴定。采用盆栽和人工控水的办法进行，鉴定方法为选择生长量基本一致的供试材料苗木，栽植在直径 30cm 的花盆中，盆中的土质为红壤，土壤量为 5kg，每个供试材料栽植 5 盆。然后将栽植材料放进温室中的水泥地面上，灌透水 1 次，每隔 7d 观察植株的生长情况。当供试材料的叶片出现萎蔫并开始脱落时，计算叶片萎蔫的时间和测定土壤含水量，土壤含水量的测定采用烘干法。采用测定叶片栅栏组织与海绵组织的厚度比，叶肉组织结构紧密度 (CTR) 和水分临界饱和亏的大小，叶肉组织结构疏松度 (SR) 和失水速率的大小等指标来确定其抗旱力强弱。耐旱程度分为 5 级（Ⅰ、Ⅱ、Ⅲ、Ⅳ、Ⅴ），分别对应数字 1、3、5、7、9，级数越大，耐旱程度越高。③种质资源的耐寒性鉴定。采用生长鉴定法进行。在发芽前，剪各供试材料生长健康的一年生枝条 3 条，然后放在低温冰箱里保存，根据材料的不同，冰箱的温度控制为 −22 ～ −10℃，保存时间为 15d。然后将枝条取出，每个材料选取枝条中部的 10 个饱满芽用于嫁接，嫁接时间为 2 月底，嫁接人员选定一名嫁接技术熟练的技术工人，采用芽接法进行。待供试材料萌发后，每隔 7d 进行 1 次萌发率统计，萌发率高的证明其抗寒能力强。耐寒程度分为 5 级（Ⅰ、Ⅱ、Ⅲ、Ⅳ、Ⅴ），分别对应数字 1、3、5、7、9，级数越大，耐寒程度越高。④种质资源的抗病性鉴定。分田间试验与实验室接种两个部分进行。田间试验是将用于鉴定的病菌分生孢子液接种在供试材料的叶片上，每份材料共接种 10 株，每株接种 3 片叶，每份材料共接种 30 片叶，接种后 15d 观察发病情况。实验室鉴定在接种时，先将供试叶片洗净晾干，放置在培养皿中，每个培养皿放置 1 片叶，每份材料放置 10 片叶，然后用喷雾器将配置好的病菌分生孢子溶液 (105 个孢子/ml) 接种到供试叶片上，盖上培养皿盖子，放在 25℃ 的培养箱中进行培养，在培养 7d 后调查接种的全部叶片及受害级别，再根据受害级别和感病指数来确定抗性的强弱。抗病程度分为 5 级（Ⅰ、Ⅱ、Ⅲ、Ⅳ、Ⅴ），分别对应数字 1、3、5、7、9，级数越大，抗病程度越高。⑤果实营养成分、矿质营养元素采用 NY/T 1653—2008 方法进行测定；总糖、总酸含量采用 GB/T 5009.7—2008 方法进行测定；可溶性固形物含量采用 GB/T 8210—1987 方法进行测定；VC 含量采用 GB/T 6195—1986 方法进行测定；氨基酸含量采用 GB/T 5009.124—2003 方法进行测定；黄酮含量采用 NY/T 1295—2007 方法进行测定。

通过深入鉴定，最终从 50 份中筛选出 28 份少数民族地区特有或具某一（些）突出优异性状的果树种质资源。本章将鉴定的资源分为仁果类、核果类、浆果类、坚果类和柑果类进行介绍。

第一节　仁果类优异种质资源

1. 太平梨

该品种因产于云南省盈江县太平乡而得名。

【学名】太平梨为沙梨 (*Pyrus pyrifolia*(Burm. f.)Nakai) 的一个品种。

【采集号与采集地】采集编号：2008531171。采集地点：云南省盈江县太平乡农技中心。

【基本特征特性】基本特征特性及耐热性鉴定结果见表 4.1。

表 4.1　太平梨的基本特征特性及耐热性鉴定结果（鉴定地点：云南盈江）

品种名称	树高/m	冠幅/m	果实形状	果实成熟期	单果重/g	果皮颜色	果肉颜色	果肉质地	果汁多少	耐热性
太平梨	5.9	4.3×3.2	椭圆	8月	264	绿	白	中粗	多	9

图 4.1　太平梨植株和结果状况

【优异性状】太平梨为沙梨中具有优良品质的耐热品种之一，在年均温 19.4℃、年降雨量 1554.6mm 的高温多湿地区生长良好。其果实外形美观，可溶性固形物含量为 9.34%，可溶性糖含量为 6.85%，滴定酸含量为 0.82%，每 100g 果肉中 VC 含量为 13.2mg，味酸甜，味道浓，品质中等偏上，特别是该品种耐热、耐湿性十分优良。

【利用价值】可直接应用于生产，或作为梨种质创新的材料，特别是作为耐热、耐湿育种的亲本。

2. 火把梨

该品种因成熟期在彝族传统节日"火把节"前后而得名。

【学名】火把梨为沙梨 (*Pyrus pyrifolia*(Burm. f.)Nakai) 的一个品种。

【采集号与采集地】采集编号：2008534651。采集地点：云南省新平县平掌乡仓房村。

【基本特征特性】基本特征特性及抗黑星病鉴定结果见表 4.2。

表 4.2　火把梨的基本特征特性及抗黑星病鉴定结果（鉴定地点：云南昆明）

品种名称	树高 /m	冠幅 /m	果实形状	果实成熟期	单果重 /g	果皮颜色	果肉颜色	果肉质地	果汁多少	抗黑星病
火把梨	6.3	4.9×4.1	倒卵圆	8 月	271	浅黄	黄白	细	多	7

【优异性状】火把梨为云南栽培历史悠久的地方梨品种，具有适应性广、抗逆性强的特点，特别对黑星病有较强的抗性，感病指数在 23.6 以下。其果实的固形物含量为 12%~13.6%，可溶性糖含量为 8.1%~9.6%，滴定酸含量为 1.1%~1.4%，每 100g 果肉中 VC 含量为 10.6~11.7mg，味酸甜，味道浓，有微香，品质中等。

【利用价值】可直接栽培利用，或作为梨抗病育种的亲本。

图 4.2　火把梨结果状况

3. 红棠梨

该品种因其果实表面全为鲜红色而得名。

【学名】红棠梨为川梨 (*Pyrus pashia* Buch.-Ham. ex D. Don) 种质资源。

【采集号与采集地】采集编号：2007533032。采集地点：云南省宁蒗县永宁乡温泉村。

【基本特征特性】基本特征特性及耐旱性鉴定结果见表4.3。

表4.3 红棠梨的基本特征特性及耐旱性鉴定结果（鉴定地点：云南昆明）

种质名称	树高/m	冠幅/m	果实形状	果实成熟期	单果重/g	果皮颜色	果肉颜色	果肉质地	果汁多少	耐旱性
红棠梨	4.9	3.5×3.1	扁圆	10月	2.2	红	浅黄	粗	少	7

【优异性状】红棠梨为川梨中的红色类型，树体生长势强，树体开张，耐旱性强，褐斑病感病指数在21.4以下，黑星病感病指数在27.2以下。其果实扁圆形，美观，固形物含量为13.1%~15.3%，可溶性糖含量为9.8%~11,1%，滴定酸含量为1.6%~2.3%，每100g果肉中VC含量为13.7mg，味酸涩，味道浓。

【利用价值】作为梨的良好砧木，或作为红色梨种质创新的重要亲本材料。

图4.3 红棠梨结果枝

4. 滇梨

该品种因是云南（滇）特有梨种质资源而得名。

【学名】滇梨为滇梨 (*Pyrus pseudopashia* Yü) 种质资源。

【采集号与采集地】采集编号：2007534049。采集地点：云南省贡山县。

【基本特征特性】基本特征特性及耐旱性鉴定结果见表4.4。

表4.4 滇梨的基本特征特性及耐旱性鉴定结果（鉴定地点：云南昆明）

种质名称	树高/m	冠幅/m	果实形状	果实成熟期	单果重/g	果皮颜色	果肉颜色	果肉质地	果汁多少	耐旱性
滇梨	9.5	5.1×4.4	扁圆	9月	174.2	黄	黄白	中粗	中	7

【优异性状】滇梨为梨属中的云南特有种，主要产于云南西北部海拔2000~3000m的杂木林中，野生或半野生。生长缓慢，木材坚硬细致，质地较好，树体生长势强，植

株高大，耐瘠薄，对黑星病和腐烂病有较强的抗性。其果实萼片宿存，固形物含量为11.6%~13.3%，可溶性糖含量为7.4%~9.1%，滴定酸含量为1.3%~1.9%，每100g果肉中VC含量为14.7mg，味酸涩。丰产性好，有化痰清肺的功效，耐瘠薄，耐旱能力与川梨相当。

【利用价值】可作为梨的砧木，又由于其木材质地较好，也可用于制作家具和木地板。

图4.4　滇梨结果状况

5. 小蜜梨

该品种因品质优、味特甜而得名。

【学名】小蜜梨为沙梨 (*Pyrus pyrifolia*(Burm. f.)Nakai) 的一个品种。

【采集号与采集地】采集编号：2008534259。采集地点：云南省景谷县碧安乡大寨村。

【基本特征特性】基本特征特性及耐旱性鉴定结果见表4.5。

表4.5　小蜜梨的基本特征特性及耐旱性鉴定结果（鉴定地点：云南昆明）

品种名称	树高/m	冠幅/m	果实形状	果实成熟期	单果重/g	果皮颜色	果肉颜色	果肉质地	果汁多少	耐旱性
小蜜梨	12.6	6.7×5.1	秤砣形	7月初	187.2	红褐	白	细	多	7

【优异性状】小蜜梨为云南沙梨中的优良地方品种，种植历史有100年以上。该品种树体生长势强，耐瘠薄，抗旱性强，抗黑斑病和腐烂病，丰产，20年生树株产可达300~350kg。其果实呈秤砣形，固形物含量为10.71%~11.48%，可溶性糖含量为7.1%~7.8%，滴定酸含量为0.26%~0.31%，每100g果肉中VC含量为13.4mg，膳食纤维含量为1.2g，钾含量为84mg，磷含量为22mg，钙含量为2.1mg，皮薄，果肉石细胞少，肉质脆，果肉汁多，味甜，果心小，味道浓。

【利用价值】可直接栽培利用，也可作为梨的砧木，或可作为梨品质育种的亲本。

图 4.5　小蜜梨枝条和果实

6. 葫芦梨

该品种因其果实形状像葫芦而得名。

【学名】葫芦梨为沙梨 (*Pyrus pyrifolia*(Burm. f.)Nakai) 的一个品种。

【采集号与采集地】采集编号：2008535699。采集地点：云南省罗平县旧屋基乡法湾村。

【基本特征特性】基本特征特性鉴定结果见表 4.6。

表 4.6　葫芦梨的基本特征特性（鉴定地点：云南昆明）

品种名称	树高 /m	冠幅 /m	果实形状	果实成熟期	单果重 /g	果皮颜色	果肉颜色	果肉质地	果汁多少	果实味道
葫芦梨	8.6	4.9×4.2	葫芦形	9 月中旬	313.1	黄绿	白	脆	多	甜

【优异性状】葫芦梨为当地优良地方梨品种。该品种树体生长势强，树姿半开张，耐瘠薄，抗旱性强，抗锈病和烟煤病。丰产，一般成年树的株产可达 200~250kg。其果实大，肉质细、脆，味纯甜，味道浓，有淡淡的香气，固形物含量为 13.8%~14.6%，可溶性糖含量为 9.4%~10.2%，滴定酸含量为 0.24%~0.31%，每 100g 果肉中 VC 含量为 10.7mg，膳食纤维含量为 1.4g，钾含量为 71mg，磷含量为 19mg，钙含量为 2.7mg。

【利用价值】可直接栽培利用，或可作为优良品质育种的亲本。

图 4.6　葫芦梨的树体和果实

7. 甜木瓜

该品种因在食用时酸度较小而得名，又名皱皮木瓜。

【学名】甜木瓜为皱皮木瓜 (*Chaenomeles speciosa* Nakai) 种质资源。

【采集号与采集地】采集编号：2007532037。采集地点：云南省泸水县老窝乡崇仁村。

【基本特征特性】基本特征特性及耐瘠性鉴定结果见表 4.7。

表 4.7　甜木瓜的基本特征特性及耐瘠性鉴定结果（鉴定地点：云南昆明）

种质名称	树高 /m	冠幅 /m	果实形状	果实成熟期	单果重 /g	果皮颜色	果肉颜色	果肉质地	果汁多少	耐瘠性
甜木瓜	2.8	1.4×1.6	纺锤形	8 月	313	黄	白	细	少	7

【优异性状】甜木瓜分布较为广泛，适应性广，丰产，成年树平均株产可达 30~50kg。其果实蛋白质含量为 0.45%，脂肪含量为 0.57%，粗纤维含量为 2.11%，固形物含量为 8.8%，果胶含量为 9.5%，有机酸含量为 3.2%，每 100g 果肉中钙含量为 24.79mg，磷含量为 6.04mg，铁含量为 4.53mg，VC 含量为 96.8mg，VA 含量为 6.35mg，最突出的特点是齐墩果酸的含量高达 20mg，其加工品不需添加防腐剂、柠檬酸、香精、色素，还具有疏通经络、祛风活血、镇痛、平肝、和脾、化湿舒筋的效能。

【利用价值】可直接栽培利用，果实鲜食、加工利用均可。

图 4.7　甜木瓜花和果实

8. 德钦花红

【学名】德钦花红为花红 (*Malus asiatica* Nakai) 的一个品种。

【采集号与采集地】采集编号：2008531506。采集地点：云南省德钦县升平镇巨水村。

【基本特征特性】基本特征特性鉴定结果见表 4.8。

表 4.8　德钦花红的基本特征特性鉴定结果（鉴定地点：云南昆明）

品种名称	树高 /m	冠幅 /m	果实形状	果实成熟期	单果重 /g	果皮颜色	果肉颜色	果肉质地	果汁多少	果实味道
德钦花红	4.3	2.5×2.2	扁圆	10 月	47.7	红	浅黄	脆	多	甜酸

【优异性状】德钦花红树体生长势强，树姿开张，座果率极高，可达 31.3%，耐寒性强，在海拔 3400m 地区生长良好，花期能耐 -6℃ 的低温，抗早期落叶病和腐烂病，丰

产，成年树平均株产 50~70kg。其果实鲜红色，有棱，具有较好的观赏性，固形物含量为 13.2%，总糖含量为 8.8%，滴定酸含量为 2.1%，每 100g 果肉中 VC 含量为 21.7mg。

【利用价值】 可直接栽培利用，或作砧木及抗寒育种的亲本。

图 4.8　德钦花红生境和结果状况

9. 木瓜苹果

该品种因其果实形状像木瓜而得名。

【学名】 木瓜苹果为苹果 (*Malus pumila* Mill.) 的一个品种。

【采集号与采集地】 采集编号：2007533057。采集地点：云南省宁蒗县永宁乡泥鳅沟村。

【基本特征特性】 基本特征特性鉴定结果见表 4.9。

表 4.9　木瓜苹果的基本特征特性鉴定结果（鉴定地点：云南昆明）

品种名称	树高 /m	冠幅 /m	果实形状	果实成熟期	单果重 /g	果皮颜色	果肉颜色	果肉质地	果汁多少	果实味道
木瓜苹果	6.2	3.1×2.6	椭圆	9 月	183	绿黄	白	脆	中	甜酸

图 4.9　木瓜苹果结果状况

【优异性状】木瓜苹果为当地古老的地方品种，种植历史有 100 年以上。该品种树姿直立，短枝多，约占枝条的 38.2%，耐寒性强，抗早期落叶病、腐烂病和煤烟病。其果实椭圆形，果形极像木瓜，果柄短，果皮绿黄色，固形物含量为 12.1%，总糖含量为 7.4%，滴定酸含量为 1.7%，每 100g 果肉中 VC 含量为 22.8mg。

【利用价值】可直接栽培利用，或可作为砧木。

第二节　核果类优异种质资源

10. 青脆李

该品种因其果皮翠绿色、果肉脆而得名。

【学名】青脆李为李 (*Prunus salicina* Lindl.) 的一个品种。

【采集号与采集地】采集编号：2008531201。采集地点：云南省大姚县湾碧乡文宜拉村。

【基本特征特性】基本特征特性鉴定结果见表 4.10。

表 4.10　青脆李的基本特征特性鉴定结果（鉴定地点：云南昆明）

品种名称	树高 /m	冠幅 /m	果实形状	果实成熟期	单果重 /g	果皮颜色	果肉颜色	果肉质地	果汁多少	果实味道
青脆李	4.3	2.6×2.2	圆	6 月底	13.7	翠绿	绿	脆	中	甜

【优异性状】青脆李为云南优良地方品种，树体生长势强，座果率达 12.7%，丰产，产量 3000~3500kg/667m^2，6 月底成熟，抗流胶病、缩叶病和穿孔病。其果实果肉脆，离核，固形物含量为 10.2%，总糖含量为 7.1%，滴定酸含量为 0.36%，每 100g 果肉中 VC 含量为 16.4mg，口感好，纯甜，为优良的鲜食品种。

【利用价值】可直接栽培利用，或可作为抗病育种的亲本。

图 4.10　青脆李生境和结果状况

11. 曼瓦金沙李

【学名】曼瓦金沙李为李 (*Prunus salicina* Lindl.) 的一个品种。

【采集号与采集地】采集编号：2007532416。采集地点：云南省勐海县西定乡贺松村。

【基本特征特性】基本特征特性鉴定结果见表4.11。

表4.11　曼瓦金沙李的基本特征特性鉴定结果（鉴定地点：云南昆明）

品种名称	树高/m	冠幅/m	果实形状	果实成熟期	单果重/g	果皮颜色	果肉颜色	果肉质地	果汁多少	果实味道
曼瓦金沙李	3.6	3.1×2.8	圆	6月中旬	32.6	金黄	黄	软	多	特甜

【优异性状】曼瓦金沙李为云南古老的优良地方品种。该品种适应性广，在海拔1100~2200m地区生长良好，座果率为10.3%~13.6%，丰产性好，平均产量2500~3500kg/667m²，6月中旬成熟，耐瘠薄，抗穿孔病和流胶病。其果实固形物含量为11.36%，总糖含量为8.21%，滴定酸含量为0.42%，每100g果肉中VC含量为18.25mg，果肉软，黏核，汁多，口感好，纯甜。

【利用价值】可直接栽培利用，或可作为抗病育种的亲本。

图4.11　曼瓦金沙李结果状况

12. 光核桃

【学名】光核桃为光核桃 (*Amygdalus mira*(Koehne)Yu et Lu) 种质资源。

【采集号与采集地】采集编号：2007533086。采集地点：云南省宁蒗县永宁乡泥鳅沟村。

【基本特征特性】基本特征特性鉴定结果见表4.12。

表4.12　光核桃的基本特征特性鉴定结果（鉴定地点：云南昆明）

种质名称	树高/m	冠幅/m	果实形状	果实成熟期	单果重/g	果皮颜色	果肉颜色	果肉质地	果汁多少	果实味道
光核桃	3.7	2.3×1.9	圆	9月	58.3	浅黄	乳白	软	多	酸

【优异性状】光核桃为生长在滇西北海拔2600~3200m地区的野生桃树种类。该品种

耐瘠薄，在土层 30cm 厚地区生长良好，耐寒，可耐 –12℃ 低温，抗病性强，没有穿孔病和缩叶病发生。其种子表面光滑无沟纹，果实固形物含量为 12.6%，总糖含量为 8.1%，滴定酸含量为 2.2%，每 100g 果肉中 VC 含量为 11.3mg。

【利用价值】可作为桃的砧木，或可作为抗寒性育种的亲本。

图 4.12　光核桃结果状况和桃核

13. 冲天桃

该品种因其枝条开张角度小、直立向上而得名。

【学名】冲天桃为桃 (*Amygdalus persica* L.) 的一个品种。

【采集号与采集地】采集编号: 2007535002。采集地点: 云南省香格里拉县三坝乡白地村。

【基本特征特性】基本特征特性鉴定结果见表 4.13。

表 4.13　冲天桃的基本特征特性鉴定结果（鉴定地点：云南昆明）

品种名称	树高 /m	冠幅 /m	果实形状	果实成熟期	单果重 /g	果皮颜色	果肉颜色	果肉质地	果汁多少	果实味道
冲天桃	4.8	2.1 × 1.5	圆	9 月	152.2	乳白	白	软	多	甜

图 4.13　冲天桃树形和结果枝条

【优异性状】冲天桃为特有的传统地方品种之一。该品种树体生长势强，树型直立，分枝直立向上，耐瘠薄，抗流胶病和缩叶病，丰产性好，成年树平均株产可达70~100kg，无大小年现象。其果实固形物含量为12.7%，总糖含量为8.3%，滴定酸含量为0.86%，每100g果肉VC含量为10.4mg，优质、味甜、离核，为当地群众较喜欢的食用桃品种之一。

【利用价值】可直接栽培利用。

14. 槟榔青

槟榔青又名咖哩啰，为云南傣族地区传统利用的热果资源。

【学名】槟榔青为漆树科槟榔青属槟榔青 (*Spondias pinnata* (L. f.)Kurz.) 种质资源。

【采集号与采集地】采集编号：2007532244。采集地点：云南省勐海县勐遮镇曼扫村。

【基本特征特性】基本特征特性鉴定结果见表4.14。

表 4.14　槟榔青的基本特征特性鉴定结果（鉴定地点：云南勐海）

种质名称	树高/m	冠幅/m	果实形状	果实成熟期	单果重/g	果皮颜色	果肉颜色	果肉质地	果汁多少	果实味道
槟榔青	11.3	6.8×5.7	长椭圆	11 月	9.4	绿	白	脆	中	酸

【优异性状】槟榔青为傣族地区传统的果菜兼用资源。树体生长势强，树型高大，抗性好，基本没有病虫害危害，平均单株产量25~30kg。其果实营养成分丰富，固形物含量为13.3%，总糖含量为5.71%，单宁含量为3.21%，淀粉含量为2.16%，粗脂肪含量为0.65%，每100g果肉中VC含量为12.7mg，可鲜食，食用后回味甜，并对治疗咽喉痛有较好的疗效，或用来炖鸡，更是味道鲜美。

【利用价值】可直接栽培利用，果实鲜食或与树皮入药，具有清热解毒、消积止痛、止咳化痰等功效。

图 4.14　槟榔青果实

15. 甜樱桃

【学名】甜樱桃为樱桃 (*Cerasus pseudocerasus*(Lindl.)G. Don) 的一个品种。

【采集号与采集地】采集编号：2008534165。采集地点：云南省陇川县护国乡邦掌村。

【基本特征特性】基本特征特性鉴定结果见表 4.15。

表 4.15　甜樱桃的基本特征特性鉴定结果（鉴定地点：云南昆明）

品种名称	树高 /m	冠幅 /m	果实形状	果实成熟期	单果重 /g	果皮颜色	果肉颜色	果肉质地	果汁多少	果实味道
甜樱桃	4.4	3.1 × 2.6	圆球	4 月初	2.8	鲜红	红	软	多	甜

【优异性状】甜樱桃为当地优良地方品种。该品种树体生长势强，树姿直立，耐瘠薄，对蚜虫有一定抵抗力，丰产，成年树单株产量可达 60kg。其果实外观漂亮、核小、果肉厚、汁多，固形物含量为 12.2%，可溶性糖含量为 8.6%，滴定酸含量为 0.7%，每 100g 果肉中 VC 含量为 28.4mg，蛋白质含量为 1.7%，总氨基酸含量为 1.4%，营养成分显著高于其他樱桃品种。

【利用价值】可直接栽培利用。

图 4.15　甜樱桃枝条和果实

16. 文绍梅子

该品种因产于云南省景谷县凤山乡文绍村而得名。

【学名】文绍梅子为李属果梅 (*Prunus mume* Sieb. et Zucc.) 的一个品种。

【采集号与采集地】采集编号：2008534333。采集地点：云南省景谷县凤山乡文绍村。

【基本特征特性】基本特征特性鉴定结果见表 4.16。

表 4.16　文绍梅子的基本特征特性鉴定结果（鉴定地点：云南昆明）

品种名称	树高 /m	冠幅 /m	果实形状	果实成熟期	单果重 /g	果皮颜色	果肉颜色	果肉质地	果汁多少	果实味道
文绍梅子	7.2	5.5 × 4.9	圆球	6 月	26.3	黄	浅黄	脆	中	酸

【优异性状】 文绍梅子为当地优良地方品种,栽培历史有 100 年以上。该品种树体生长势强,耐瘠薄和粗放管理,对蚜虫和烟煤病有较强的抗性,丰产性好,成年树一般株产可达 30~45kg,无大小年现象。其果实较其他梅子的大,圆球形,核小、肉质厚,可食率为 82.6%~84.2%,高于其他梅子品种 5%~7%,适合加工成果醋或盐梅,每 100g 鲜果中固形物含量为 12.6g,可溶性糖含量为 5.3g,滴定酸含量为 4.8g,VC 含量为 27.6mg。

【利用价值】 可加工成果醋或盐梅。

图 4.16 文绍梅子果实、叶片和加工成的盐梅

第三节 浆果类优异种质资源

17. 云南沙棘

【学名】 云南沙棘为胡颓子科沙棘属云南沙棘亚种 (*Hippophae rhamnoides* Linn. subsp. *yunnanensis* Rousi.) 种质资源。

【采集号与采集地】 采集编号:2008531504。采集地点:云南省德钦县云岭乡斯农村明永小组。

【基本特征特性】 基本特征特性鉴定结果见表 4.17。

表 4.17 云南沙棘的基本特征特性鉴定结果(鉴定地点:云南德钦)

种质名称	树高 /m	冠幅 /m	果实形状	果实成熟期	单果重 /g	果皮颜色	果肉颜色	果肉质地	果汁多少	果实味道
云南沙棘	4.8	2.1×1.8	圆球	9 月	0.43	金黄	黄	软	多	酸甜

【优异性状】 云南沙棘为野生种质资源。该种质资源具有很强的抗寒能力,可以抵御 -20℃ 左右的严寒;抗旱能力较强,在盆栽的情况下,连续 1 个月不浇水,植株能正常生长。其果实营养丰富,总糖含量为 11.2%,总酸含量为 5.7%,蛋白质含量为 3.1%,VC 含量特高,每 100g 果肉中达 1104mg,是猕猴桃的 1~2 倍,比苹果、梨高近 40 倍,黄酮醇含量也达 336mg。

【利用价值】 可直接开发加工成保健饮料产品。

图 4.17　云南沙棘生境和结果状况

18. 冲天芭蕉

冲天芭蕉因其果穗直立向上而得名。

【学名】冲天芭蕉为芭蕉科芭蕉属芭蕉 (*Musa basjoo* Sieb. et Zucc.) 种质资源。

【采集号与采集地】采集编号: 2008531655。采集地点: 云南省河口县莲花滩乡中岭岗村。

【基本特征特性】基本特征特性鉴定结果见表 4.18。

表 4.18　冲天芭蕉的基本特征特性鉴定结果 (鉴定地点: 云南河口)

种质名称	假茎高 /m	假茎颜色	果穗着生状	花瓣颜色	果穗梳数/ 梳	果指形状	果指颜色	果指重量 /g	果实质地	果汁多少
冲天芭蕉	2.6	翠绿	直立	大红	7	短粗	绿黄	103	细	中

【优异性状】冲天芭蕉为野生,在云南零星分布,属于珍稀和濒危种质资源,其果穗直立向上,花的苞片颜色鲜艳,具有较好的观赏性。其果实固形物含量为 21.6%,淀粉含量为 7.9%,可溶性糖含量为 13.2%,钾的含量较高,每 100g 果肉达 223mg。抗性好,基

图 4.18　冲天芭蕉生境和果实

本无病虫害危害，多生长在箐沟边，耐湿、耐阴，其花可直接食用，并具有舒筋活血、补血、止血的功效，多用于治疗心脏病、妇女血崩、流鼻血等病症。

【利用价值】可供观赏和药用。

19. 三叶木通

三叶木通又名八月瓜，因其果实在成熟后会自动炸开，又叫八月炸。

【学名】三叶木通为木通科木通属三叶木通 (*Akebia trifoliata*(Thunb.)Koidz.) 种质资源。

【采集号与采集地】采集编号：2008534674。采集地点：云南省新平县平掌乡农贸市场。

【基本特征特性】基本特征特性鉴定结果见表 4.19。

表 4.19　三叶木通的基本特征特性鉴定结果（鉴定地点：云南昆明）

种质名称	树高 /m	叶片着生状	果实形状	果实成熟期	单果重 /g	果皮颜色	果肉质地	果汁多少	果实味道	耐瘠性
三叶木通	>9	掌状	长椭圆	11 月	317	紫红	柔软	多	酸甜	7

【优异性状】三叶木通为藤本野生，具有良好的适应性，耐瘠薄能力强，在石灰岩土质上生长良好，基本无病虫害危害。其果实营养丰富，每 100g 果肉中总糖含量为 12.5g，可溶性糖含量为 8.4g，VC 含量高达 762mg，为柑橘类果实的 10 倍以上，氨基酸种类丰富，多达 13 种，其中天冬氨酸、亮氨酸、丙氨酸的含量分别达 4887mg、4016mg 和 3559mg。果实还具有舒肝理气、除烦利尿、清热利湿、活血通脉等药效。

【利用价值】可作为新型水果直接开发利用，或可作为种质创新育种的亲本。

图 4.19　三叶木通叶片、果实和种子

20. 玫瑰蜜葡萄

该品种为 100 年前从法国引进的古老品种，因其果实成熟时有玫瑰香味而得名。

【学名】玫瑰蜜葡萄为葡萄 (*Vitis vinifera* L.) 的一个品种。

【采集号与采集地】采集编号：2008531363。采集地点：云南省德钦县云岭乡果念村。

【基本特征特性】基本特征特性鉴定结果见表 4.20。

表 4.20　玫瑰蜜葡萄的基本特征特性鉴定结果（鉴定地点：云南昆明）

品种名称	萌芽时间	开花时间	成熟期	果穗形状	果实形状	果皮颜色	单果重/g	果肉质地	果汁多少	果实味道
玫瑰蜜葡萄	4月上旬	4月下旬	9月底	圆锥	圆球	深紫	3.2	软	多	甜

【优异性状】玫瑰蜜葡萄有良好的抗寒性，在海拔 2000~2200m、年均温 12.3℃、年有效积温 2300℃地区生长良好，特别是对葡萄的霜霉病有较强的抵抗能力，对土壤的要求不严，对碱性土有较好的适应性。其果实固形物含量为 17.6%，总糖含量为 12.6%，总酸含量为 1.8%，单宁含量为 0.08%，每 100g 果肉中 VA 含量为 86μg，VB 含量为 222μg，VC 含量为 26mg，加工出汁率为 71% 左右，出汁率高出其他品种 10%~15%。

【利用价值】适于云南高海拔（寒冷）地区栽培，是加工葡萄酒专用品种，可直接栽培利用。

图 4.20　玫瑰蜜葡萄生境和结果状况

21. 紫葡萄

【学名】紫葡萄为葡萄（*Vitis vinifera* L.）的一个品种。

【采集号与采集地】采集编号：2008531185。采集地点：云南省大姚县湾碧乡巴拉村尾坪子。

【基本特征特性】基本特征特性鉴定结果见表 4.21。

表 4.21　紫葡萄的基本特征特性鉴定结果（鉴定地点：云南昆明）

品种名称	萌芽时间	开花时间	成熟期	果穗形状	果实形状	果皮颜色	单果重/g	果肉质地	果汁多少	果实味道
紫葡萄	2月中旬	3月底	6月底	圆锥	圆球	深紫	4.7	软	多	酸甜

【优异性状】紫葡萄为葡萄的优良地方品种。该品种适应性强，特别适应云南夏季高温多雨的气候条件，对土壤要求不严，耐旱、耐瘠薄，特别对葡萄霜霉病有较强的抗性，生长期植株未发现有虫害发生，平均产量在 2500~3000kg/667m²。其果实可溶性固形物含量为 16.1%，总糖含量为 10.4%，总酸含量为 2.5%，单宁含量为 0.09%，每 100g 果肉中 VC 含量为 29mg。在未成熟时有较浓的酸味。

【利用价值】可直接栽培利用，或可作为葡萄抗霜霉病育种的亲本。

图 4.21　紫葡萄结果状况

22. 君迁子

君迁子为又名软枣、塔枝、黑枣等。

【学名】君迁子为柿树科柿属君迁子 (*Diospyros lotus* L.) 种质资源。

【采集号与采集地】采集编号：2007532106。采集地点：云南省泸水县大兴地乡鲁奎地村。

【基本特征特性】基本特征特性鉴定结果见表 4.22。

表 4.22　君迁子的基本特征特性鉴定结果（鉴定地点：云南昆明）

种质名称	树高 /m	冠幅 /m	果实形状	果实成熟期	单果重 /g	果皮颜色	果肉颜色	果肉质地	果汁多少	果实味道
君迁子	6.3	4.1×3.5	扁球	10 月	3.7	深褐	深褐	软	中	甜

图 4.22　君迁子结果状况

【优异性状】君迁子为乔木，多为野生或半野生，适应性广，在海拔 1500~2600m 地区生长正常，耐瘠薄，抗性强，生长期基本没有病虫害危害，丰产，座果率高，成年树株产在 30kg 以上，无大小年现象。其果实充分成熟后变为深褐色，味甜，无核，每 100g 鲜果中固形物含量为 15.7~17.1g，可溶性糖含量为 11.4g，滴定酸含量为 2.7g，粗纤维含量为 3.3g，单宁含量为 4.9g，钙含量为 12.4mg，磷含量为 21.7mg。

【利用价值】可作为柿树的优良砧木，其木材纹理细密，可做木地板或贵重的家具。

23. 黄毛草莓

【学名】黄毛草莓为蔷薇科草莓属二倍体黄毛草莓 (*Fragaria nilgerrensis* Schlecht.) 种质资源。

【采集号与采集地】采集编号：2010511111。采集地点：四川省木里县唐央乡三村。

【基本特征特性】基本特征特性鉴定结果见表 4.23。

表 4.23　黄毛草莓的基本特征特性鉴定结果（鉴定地点：四川成都）

种质名称	株高 /cm	叶片长度 /cm	匍匐茎长度 /cm	成熟期	果实形状	果实颜色	种子颜色
黄毛草莓	11.2	4.64	9.82	5 月中下旬~6 月上旬	圆球	淡粉红	红，淡黄

【优异性状】黄毛草莓为主要分布于我国西南地区的野生草莓类型。抗逆性强，抗蚜虫和灰霉病较强。由于长期受川西高原气候的影响，果实具有特殊的蜜桃香味，香味浓郁。

【利用价值】可作为草莓抗逆育种和香味育种的亲本。

图 4.23　黄毛草莓花和结果状况

24. 西南草莓

【学名】西南草莓为蔷薇科草莓属四倍体西南草莓 (*Fragaria moupinensis* (Franch.) Card.) 种质资源。

【采集号与采集地】采集编号：2010546382。采集地点：西藏自治区芒康县洛尼乡。

【基本特征特性】基本特征特性鉴定结果见表 4.24。

表 4.24　西南草莓的基本特征特性鉴定结果（鉴定地点：四川成都）

种质名称	株高 /cm	叶片长度 /cm	匍匐茎长度 /cm	果实形状	果实颜色	花序长度 /cm	种子颜色
西南草莓	11.9	5.38	12.54	卵形、椭圆形或球形	红	5.48	黄绿，淡红

【优异性状】西南草莓为西南特有、成熟期相对较晚的野生草莓类型，分布在我国横断山脉、川西高原、青藏高原，也是野生草莓分布海拔相对较高的种类。该种质资源抗逆性强、耐寒、抗病性较强。

【利用价值】可作为草莓育种的亲本，特别是作为抗寒育种的亲本。

图 4.24　西南草莓田间表现、开花和结果状况

第四节　坚果类优异种质资源

25. 小叶买麻藤

【学名】小叶买麻藤为买麻藤科买麻藤属小叶买麻藤 (*Gnetum parvifolium* (Warb.)C. Y. Cheng) 种质资源。

【采集号与采集地】采集编号：2008531023。采集地点：云南省盈江县苏典乡劈石村。

【基本特征特性】基本特征特性鉴定结果见表 4.25。

表 4.25　小叶买麻藤的基本特征特性鉴定结果（鉴定地点：云南盈江）

种质名称	树高 /m	叶片着生状	果实形状	果实成熟期	单果重 /g	假果皮颜色	干果形状	果仁质地	果实味道	耐旱性
小叶买麻藤	>12	对生	纺锤形	11 月	4.8	黑棕	纺锤形	细	微香	5

【优异性状】小叶买麻藤为大型藤本植物，均为野生，半阴性，为云南特有的干果类果树。抗病虫害，生长期间基本没有病虫害发生，丰产性好，成年树平均株产可达 20~30kg。其果实营养丰富，为高淀粉植物，100g 可食部分中营养成分含量为：淀粉46.12g，蛋白质0.93g，脂肪1.39g，可溶性固形物35.6g。其茎叶和根具有祛风除湿、活血散瘀、止咳化痰的功效，可治疗急性呼吸道感染、慢性气管炎等病症。其果仁可充当粮食食用。

【利用价值】果实可作为粮食的替代品，茎、叶和根可作为药用。

图 4.25　小叶买麻藤的生境、果实和叶片

26. 野板栗

【学名】野板栗为壳斗科栗属原始种野板栗 (*Castanea* sp.) 种质资源。

【采集号与采集地】采集编号：2007532276。采集地点：云南省勐海县勐遮镇曼洪村。

【基本特征特性】基本特征特性鉴定结果见表 4.26。

表 4.26　野板栗的基本特征特性鉴定结果（鉴定地点：云南昆明）

种质名称	树高 /m	冠幅 /m	果实形状	果实成熟期	单果重 /g	果皮颜色	果肉颜色	果肉质地	果汁多少	果实味道
野板栗	5.5	3.7×4.2	扁圆	9 月	6.7	棕红	白	脆	少	甜

【优异性状】野板栗为云南适应性强、分布较广的干果之一。树体生长势强，树型开张、耐瘠薄、耐旱。其果实营养丰富，富含淀粉，每 100g 果实中淀粉含量为 59.6g，高于栽培板栗 11.7%，糖含量为 44.3%，蛋白质含量为 4.8%，脂肪含量为 1.5%，低于锥栗 46.43%，VC 含量为 36.4mg，胡萝卜素含量为 0.24mg，高于锥栗 19.17%，尼克酸含量为 1.2mg，高于锥栗 8.14%。由于脂肪含量低，不易变质，易于保存。

【利用价值】可作为砧木，或加工成板栗粉代替粮食。

图 4.26　野板栗结果状况和果实

27. 薄皮核桃

该品种原产于云南省大姚县三台乡，又叫三台核桃。

【学名】薄皮核桃为核桃 (*Juglans regia* L.) 的一个品种。

【采集号与采集地】采集编号：2008531249。采集地点：云南省大姚县三台乡三台村。

【基本特征特性】基本特征特性鉴定结果见表4.27。

表 4.27 薄皮核桃的基本特征特性鉴定结果（鉴定地点：云南大姚）

品种名称	树高/m	冠幅/m	干果形状	干果成熟期	单果重/g	外果皮颜色	果面褶皱	果仁颜色	果肉质地	果实味道
薄皮核桃	12.8	8.4×7.7	圆球	9月	31.2	褐黄	明显	白	脆	甜香

【优异性状】薄皮核桃为优良核桃地方品种，在当地种植历史有 300 年以上。树体生长势强，树型高大，抗病，生长期基本无病害，丰产性好，成年树株产可达 200~300kg，干果皮薄，厚度 1.2mm 左右，种仁大，占干果质量的 81.3%，营养丰富，固形物含量为 13.41%，每 100g 果仁中蛋白质含量为 19.45g，钙含量为 0.14g，磷含量为 0.37g，淀粉含量为 12.8g，粗脂肪含量为 42.3g，比其他核桃的粗脂肪含量少 29.5%，因此，较耐贮存，其贮藏期可达 8 个月之久而不变质。

【利用价值】可直接栽培利用，木材质地好，可用于加工木地板和家具。

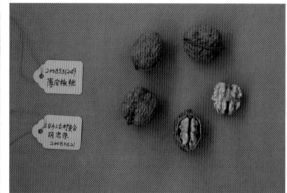

图 4.27 薄皮核桃的果实和干果

第五节 柑果类优异种质资源

28. 大香橼

该品种为柑橘属三个基本种之一，因其果皮香味浓郁而得名。

【学名】大香橼为柑橘属香橼 (*Citrus medica* L.) 的一个品种。

【采集号与采集地】采集编号：2007532077。采集地点：云南省泸水县老窝乡银坡村。

【基本特征特性】基本特征特性鉴定结果见表4.28。

表 4.28 大香橼的基本特征特性鉴定结果（鉴定地点：重庆）

品种名称	树高/m	冠幅/m	果实形状	果实成熟期	单果重/g	果皮颜色	囊瓣数/瓣	汁胞	果汁多少	汁胞颜色
大香橼	4.2	2.6×2.2	长圆	11月	621	黄	11	不可见	多	乳白

【优异性状】大香橼为云南原产品种。该品种高抗溃疡病，一年可多次开花，果皮特厚，含油量达 6.5%~9%，柠檬油中的柠檬烯和香叶醛含量分别达 54.52% 和 12.75%。其果实固形物含量为 11.2%~14.5%，可溶性糖含量为 7.7%~9.3%，柠檬酸含量为 3.8%~5.2%，每 100g 果肉中 VC 含量为 35mg。其叶片具有去除膻味，改善牛、羊、鸡肉的味道，增加芳香，具有促进食欲的作用。其果实具有化痰止咳、治疗呕苦泛酸、胃脘灼痛的药效。

【利用价值】可直接栽培利用，用于观赏、药用和鲜食。

图 4.28　大香橼果实

（陈善春　陈洪明　江　东　何永睿　胡忠荣　李坤明　张林辉　刘光华
　　　　　　　　　　　金　杰　杨顺林　李洪雯）

第五章　食用菌类优异种质资源

云南及周边地区地处我国西南部，气候种类较多，孕育了丰富的生物多样性，有"动物王国"、"植物王国"之称，同时也是"食用菌王国"。中国已报道的大型食用和药用菌有 1500 余种，云南及周边地区就有 1100 多种，占全国的三分之二以上，且不少食用菌的种属为云南特有，如干巴菌、竹生肉球菌、滇桩菇、云南地花菌、簇扇菌等，估计该地区还有相当多的种类尚未发现。大型真菌 80% 以上属于菌根菌，虽世界各国开展研究近 100 年，但除少数菌类（如黑孢块菌、多汁乳菇）在半人工栽培技术上取得一定进展外，大多数种类至今仍不能人工栽培或半人工栽培。云南及周边地区食用的野生菌有 130 种以上，其中大多数为不可栽培种类。对于这些不可栽培的种类，本项目仅对具重要经济价值的松茸、牛肝菌等进行了较为详细的调查和分析。本章重点阐述可栽培的腐生种类。

食用菌是一类高蛋白质、低脂肪、富含多种维生素和矿物质的优质食物，也是天然保健食品。与栽培种类比较，野生食用菌具有独特的风味，如鸡枞、竹荪、松茸、干巴菌、牛肝菌等都是享誉中外的美味佳肴。据我国传统医学和现代医学记载，我国有 200 多种食用菌具有医用价值。近年来食用菌的这种营养和药用的双重价值，使其身价倍增，松茸、羊肚菌等价格昂贵。比较常见的鸡枞、干巴菌的价格也上升了 10 余倍。云南野生食用菌的资源量大约为 50 万 t/ 年，大宗出口的野生菌主要有松茸、羊肚菌、牛肝菌、鸡油菌、块菌等。

云南及周边地区近几年的过度采挖，严重危及了食用菌的生存环境和种群，特别是鸡枞、松茸、干巴菌、牛肝菌等受威胁程度更大。通过本项目的实施，连续 3 年对食用菌进行了系统调查，收集和采集食用菌样本 101 份，其中活体样本 80 份，制作标本 135 份。

根据食用菌利用的普遍性、经济和利用价值、特殊药用价值、广泛分布、特殊生境分布及遗传特异性等，对收集的食用菌进行了系统鉴定评价，包括野生菌类的松茸、美味牛肝菌、疣柄牛肝菌、裂褶菌、鸡油菌、羊肚菌、离褶伞等，栽培菌类的香菇、黑木耳、毛木耳、皱木耳、琥珀黄木耳、肺形侧耳、白黄侧耳、核侧耳、金耳等，特殊菌类的干巴菌、鸡枞、块菌等。

对一般种类的食用菌进行了基本生物学特征特性鉴定评价，包括培养条件，如培养基、培养温度、pH、生长速度；子实体形成条件，如基质、发生周期、发生条件；食用品质评价等。对重点种类的食用菌进行了遗传多样性和特异性研究，包括子实体形态特征、生态生境、分类学地位、种群的营养亲和性、交配因子分析、原生质体单核化、可溶性蛋白质电泳、酯酶同工酶、分子标记 (rDNA、ISSR、SRAP)、特殊营养成分分析等。

第一节 食用菌优异种质资源鉴定评价

1.香菇鉴定评价

对采集的 87 株野生香菇菌株进行了出菇特性的深入评价，以期挖掘可利用的育种材料。2008 ~ 2010 年三次栽培结果表明：在云南栽培菌株多数可出菇，不出菇的菌株较少；而在云南以外地区栽培时，70%~80% 不能出菇；即使在不同区域栽培都出菇的，在出菇特性上也表现出较大差异，其中近半 (43.5%) 的菌株未转色出菇，子实体基本性状也差别较大，出菇时间的均匀性差别较大。对其同时接种并长满菌丝 40d 后同时开袋，头潮菇出菇时间相差 60d 左右。从出菇菌株对应的菌丝适温性看，耐温的菌株出菇慢（比正常出菇晚 3 个月）。云南不同地域不同季节的野生香菇的种质特性差异较大（表 5.1，表 5.2）。

表 5.1　87 株野生香菇栽培出菇情况

出菇		转色		未转色	
株数 / 株	比例 /%	株数 / 株	比例 /%	株数 / 株	比例 /%
85	97.7	48	56.5	37	43.5

表 5.2　87 株野生香菇的栽培子实体基本性状

菇重 /g			菇盖厚 /cm			菌柄长 /cm		
平均	最大	最小	平均	最大	最小	平均	最大	最小
8.24	34.60	0.24	0.58	1.60	0.30	4.55	8.20	2.30

2.木耳鉴定评价

系统调查表明，云南及周边地区木耳属资源丰富，包括黑木耳 (*Auricularia auricula-judae*)、皱木耳 (*A. delicata*)、毛木耳 (*A. polytricha*)、银白木耳 (*A. polytricha* var. *argentea*)、琥珀木耳 (*A. fuscosuccinea*)。研究结果进一步证明滇南和滇西南木耳资源不仅种类多、分布广，且在该区域生态类型也较多。

(1) 黑木耳遗传多样性分析

以黑龙江、四川、吉林的 11 株野生菌株 (表 5.3) 为对照，将在云南采集的 8 株黑木耳菌株进行了转录单位间隔区 2(IGS2) 分析，应用 *Hpa* II、*Bst* U I、*Hin* P I 三种限制性内切酶，对 IGS2 扩增产物进行酶切 (IGS2-RFLP)，不同菌株的酶切位点不同，电泳后产生多样性丰富的图谱，成为菌株特有的 DNA 指纹。黑木耳 19 株菌株的 IGS2 区域经过 *Hpa* II、*Bst* U I、*Hin* P I 酶切之后，得到 41 个片段，其中有差异性的片段 36 个，占总带数的 87.8%。其中经 *Hpa* II 酶切后，产生片段 18 条，大小为 0.1~4kb；经 *Hin* P I 酶切后，产生片段 12 条，大小为 0.2~3kb；经 *Bst* U I 酶切后，产生片段 12 条，大小为 0.3~2kb。

经过 NTsys 软件分析，在相关系数为 0.72 左右可将全部菌株划分为两类：吉林、黑龙江、四川三省的黑木耳聚为一类，云南的黑木耳聚为另一类 (图 5.1)。来自黑龙江密山的 00653 与 00655 没有分开，这两个菌株是 2006 年在密山采集的，采集地点相隔 50m 以内，可能是因为它们的亲缘关系太近。其余菌株均具良好的特异性、稳定性和可重复性,酶切图谱具丰富的多态性,菌株间有显著差异,IGS2-RFLP 可以将供试菌株有效地进行鉴别,IGS2-RFLP 图谱很可能成为黑木耳菌株鉴定鉴别的稳定的遗传学标记。

表 5.3 黑木耳遗传多样性分析的供试材料及来源

序 号	菌 株 编 号	原 编 号	来源及时间	备注
1	00054		2005 年,吉林省延吉市	野生菌株
2	00074		2005 年,黑龙江省牡丹江市	野生菌株
3	00075		2005 年,黑龙江省牡丹江市	野生菌株
4	00077		2005 年,吉林省延吉市	野生菌株
5	00086		2006 年 2 月,黑龙江省密山市	野生菌株
6	00653		2006 年 9 月,黑龙江省密山市	野生菌株
7	00655		2006 年 9 月,黑龙江省密山市	野生菌株
8	00656		2006 年 9 月,黑龙江省密山市	野生菌株
9	00657		2006 年 9 月,黑龙江省密山市	野生菌株
10	01048		2006 年 9 月,四川省青川县	野生菌株
11	01348		2007 年 9 月,吉林省延吉市	野生菌株
12	01972	YAASM-1085	2008 年 7 月 11 日,云南省晋宁县	野生菌株
13	01973	YAASM-1086	2008 年 7 月 11 日,云南省晋宁县	野生菌株
14	01974	YAASM-1087	2008 年 7 月 11 日,云南省晋宁县	野生菌株
15	01975	YAASM-1088	2008 年 7 月 11 日,云南省晋宁县	野生菌株
16	01976	YAASM-1089	2008 年 7 月 11 日,云南省晋宁县	野生菌株
17	y-1002	Yaas-1002	2008 年 6 月,云南省楚雄市	野生菌株
18	y-1401	Yaas-1401	2009 年 5 月 1 日,云南省永平县	野生菌株
19	y-1402	Yaas-1402	2008 年 9 月,云南省永德县	野生菌株

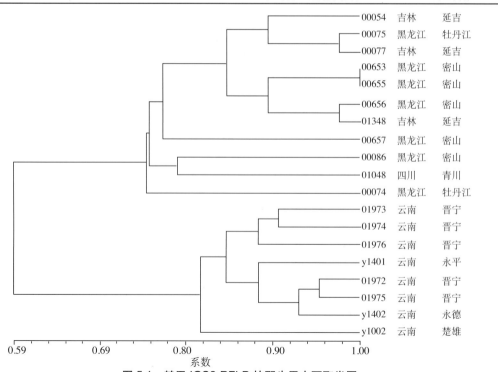

图 5.1 基于 IGS2-RFLP 的野生黑木耳聚类图

(2) 黑木耳耐碱特性鉴定

多数食用菌喜偏酸性基质环境，碱性培养条件抑制菌丝体生长，不利于子实体形成。但是，在栽培实践中，使用偏碱性培养基可以有效减少杂菌污染的发生，提高菌袋栽培成功率和栽培效益。因此，耐碱性评价在食用菌育种中具特殊意义。评价结果表明，所有黑木耳菌株的最适 pH 为 6.58~6.80，所有菌株能耐轻微的碱性环境 (pH8.0 左右)，绝大多数菌株能耐 pH9.0 左右的碱性环境，只有少数菌株在 pH10 以上的碱性环境仍能缓慢生长 (表 5.4，表 5.5)，这表明云南黑木耳野生种质中存在耐碱资源。

表 5.4　野生黑木耳在不同 pH 培养基上的长速 (单位：cm)

菌株编号	pH									
	5.05	6.00	6.12	6.58	6.92	7.24	7.90	9.12	9.44	10.63
00653	3.9	5.8	6.4	7.2	6.8	5.6	2.6	1.8	1.2	—
00655	5.1	5.7	6.3	7.1	6.7	5.5	2.8	2.1	1.3	—
00656	4.5	5.3	5.9	6.7	6.3	5.1	3.4	2.3	—	—
01047	4.9	5.8	6.4	7.2	6.8	5.6	2.1	1.2	—	—
01082	4.2	4.4	5.0	5.8	5.4	4.2	1.2	0.7	1.0	—
01083	5.4	6.6	7.2	8.0	7.6	6.4	3.4	2.5	1.5	1.3
01084	5.3	6.6	7.2	8.0	7.6	6.4	3.4	1.7	1.7	0.8
AU2	4.8	6.2	6.8	7.6	7.2	6.0	3.4	2.3	1.5	1.5

注：“—”表示没有萌发，表中数值是 25℃培养 7d 的菌落直径

表 5.5　野生黑木耳在不同 pH 培养基上的长速 (单位：cm)

菌株编号	pH					
	5.13	6.08	6.80	7.93	8.85	10.11
00657	3.4	6.3	7.0	2.5	1.7	1.0
00086	2.4	5.3	5.7	1.5	0.7	—
01048	3.4	6.3	6.7	2.5	1.7	—
01051	3.1	6.0	6.4	2.2	1.4	—
01052	3.2	6.1	6.5	2.3	1.5	0.9
01327	3.3	6.2	6.6	2.4	1.6	0.9
01347	2.4	5.3	5.7	1.5	—	—
00054	0.8	3.7	4.7	0.9	—	—
01348	3.6	6.5	6.9	2.7	1.9	1.1
00074	1.9	4.8	5.2	1.0	—	—
00075	3.5	6.4	6.9	2.6	1.8	—

菌株编号	pH					
	5.13	6.08	6.80	7.93	8.85	10.11
00077	2.4	5.3	5.7	1.5	—	—
01972	3.3	6.2	6.6	2.4	1.6	—
01973	3.6	6.5	6.9	2.7	1.9	1.1
01974	3.1	6.0	6.4	2.2	1.4	—
01975	2.6	5.5	5.9	1.7	—	—
01976	2.7	5.6	6.0	1.8	—	—
Yaas1399	2.8	5.7	6.1	1.9	—	—
Yaas1401	2.9	5.8	6.2	2.0	1.2	—
Yaas1402	2.6	5.5	5.9	1.7	—	—
Yaas1085	3.1	6.0	7.1	2.8	1.9	—
Yaas1086	2.6	5.5	6.6	2.3	1.4	—
Yaas1087	3.0	5.9	7.0	2.7	1.8	—
Yaas1088	2.4	5.3	6.4	2.1	1.2	—
Yaas1089	2.5	5.4	6.5	2.2	1.3	—
Yaas1090	3.0	5.9	7.0	2.7	1.8	—
Yaas1091	0.9	3.8	4.9	0.9	—	—
Yaas1092	1.3	4.2	5.3	1.0	—	—
Yaas1093	1.5	4.4	5.5	1.1	—	—
Yaas1096	0.3	3.2	4.8	1.0	—	—
Yaas1097	2.8	5.7	6.8	2.5	1.6	—
Yaas1098	3.0	5.9	7.0	2.7	1.8	—
Yaas1099	2.8	5.7	6.8	2.5	1.6	—
Yaas1101	3.1	6.0	7.1	2.8	1.9	—
Yaas1102	3.0	5.9	7.0	2.7	1.8	—
Yaas1103	2.7	5.6	6.7	2.4	1.5	—
Yaas2100	1.2	4.1	5.2	1.2	—	—
Yaas2101	2.3	5.2	6.3	1.5	—	—

注："—"表示没有萌发，表中数值是25℃培养7d的菌落直径

(3) 云南木耳可利用分析

在初步评价的基础上，对黑木耳 (*A. auricula-judae*)8 株、皱木耳 (*A. delicata*) 6 株、

琥珀木耳 (*A. fuscosuccinea*) 3 株、毛木耳 (*A. polytricha*) 2 株共 19 株 (表 5.6，表 5.7)，分别在云南昆明、河北平泉、黑龙江哈尔滨 3 地进行了栽培性状评价 (图 5.2 ~ 图 5.4)，栽培中以现栽培种质为对照。结果表明，云南野生黑木耳与现栽培种质形态上存在较大差异，主要是色泽的不同。现栽培种质均为黑色或黑褐色，而云南野生种质为浅红褐色，另外，背面无绒毛。

表 5.6　栽培评价的木耳名录

序　号	库　号	原编号	中文名	拉丁学名	来源及时间
1	1972	YAASM-1085	黑木耳	*A. auricula-judae*	2008 年 7 月 11 日，晋宁县
2	1973	YAASM-1086	黑木耳	*A. auricula-judae*	2008 年 7 月 11 日，晋宁县
3	1974	YAASM-1087	黑木耳	*A. auricula-judae*	2008 年 7 月 11 日，晋宁县
4	1975	YAASM-1088	黑木耳	*A. auricula-judae*	2008 年 7 月 11 日，晋宁县
5	1976	YAASM-1089	黑木耳	*A. auricula-judae*	2008 年 7 月 11 日，晋宁县
6	Yaas1399	Yaas-1399	黑木耳	*A. auricula-judae*	2009 年 5 月 1 日，漾濞县
7	Yaas1401	Yaas-1401	黑木耳	*A. auricula-judae*	2009 年 5 月 1 日，永平县
8	Yaas1402	Yaas-1402	黑木耳	*A. auricula-judae*	2008 年 9 月，永德县
9	Yaas1337	Yaas-1337	皱木耳	*A. delicata*	2009 年 4 月，勐海县
10	Yaas1385	Yaas-1385	皱木耳	*A. delicata*	2009 年 4 月，勐海县
11	Yaas1386	Yaas-1386	皱木耳	*A. delicata*	2009 年 4 月，勐海县
12	Yaas1387	Yaas-1387	皱木耳	*A. delicata*	2009 年 4 月，勐海县
13	Yaas1388	Yaas-1388	皱木耳	*A. delicata*	2009 年 4 月，勐海县
14	Yaas1389	Yaas-1389	皱木耳	*A. delicata*	2009 年 4 月，勐海县
15	木耳 1	版纳木耳 1	琥珀木耳	*A. fuscosuccinea*	2009 年 10 月，西双版纳傣族自治州
16	木耳 2	版纳木耳 2	琥珀木耳	*A. fuscosuccinea*	2009 年 10 月，西双版纳傣族自治州
17	普洱木耳	普洱木耳	琥珀木耳	*A. fuscosuccinea*	2009 年 10 月，普洱市
18	2100	YAASM-1216	毛木耳	*A. polytricha*	2008 年 8 月 18 日，南涧县
19	2101	YAASM-1217	毛木耳	*A. polytricha*	2008 年 8 月 18 日，南涧县

表 5.7　野生黑木耳培养特性和栽培子实体性状

序　号	库　号	栽培性状
1	1972	菌丝生长最适温度 29℃，最适 pH6.8；菊花状，耳片直径 3.6cm，大小均匀齐整，浅红褐色，耳脉大而少，耳根大，无绒毛，边缘波浪状
2	1973	菌丝生长最适温度 29℃，最适 pH6.8；单片状，耳片直径 3.4cm，大小均匀齐整，浅红褐色，耳脉小而少，耳根大小适中，无绒毛，边缘波浪状或半圆形；具利用价值
3	1974	菌丝生长最适温度 29℃，最适 pH6.8；菊花状，耳片直径 3cm，大小均匀齐整，浅红褐色，耳脉小而少，耳根大，无茸毛，边缘半圆形；具利用价值
4	1975	菌丝生长最适温度 29℃，最适 pH6.8；单片状，耳片直径 3.2cm，大小均匀齐整，浅红褐色，无耳脉，耳根大，无绒毛，边缘波浪状或半圆形；具利用价值
5	1976	菌丝生长最适温度 29℃，最适 pH6.8；菊花状，耳片直径 5.2cm，大小较均匀，浅红褐色，耳脉小而少，耳根大小适中，无绒毛，边缘波浪状或半圆形，腹面红白色，正面红褐色；具利用价值
6	Yaas1399	菌丝生长最适温度 29℃，最适 pH6.8；出耳不佳
7	Yaas1401	菌丝生长最适温度 27℃，最适 pH6.8

序　号	库　号	栽 培 性 状
8	Yaas1402	菌丝生长最适温度29℃，最适pH6.8
9	Yaas1337	子实体过多、小而无形，无利用价值
10	Yaas1385	子实体过多、小而无形，无利用价值
11	Yaas1386	子实体过多、小而无形，无利用价值
12	Yaas1387	子实体过多、小而无形，无利用价值
13	Yaas1388	子实体过多、小而无形，无利用价值
14	Yaas1389	子实体过多、小而无形，无利用价值
15	木耳1	菌丝生长最适温度31℃，最适pH6.6~6.8
16	木耳2	菌丝生长最适温度31℃，最适pH6.6~6.8
17	普洱木耳	菌丝生长最适温度29℃，最适pH6.6~6.8
18	2100	无利用价值
19	2101	无利用价值

图5.2　木耳属野生种质性状鉴定评价

图5.3　云南黑木耳野生种质与现栽培种质子实体形态比较
左，云南种质；中、右，栽培种质

01972   01973

01974   01975   01976

图 5.4   黑木耳部分菌株出耳情况

3. 侧耳鉴定评价

在澜沧江流域的滇西北、滇南、滇西南等地侧耳资源极为丰富，采集到侧耳类资源除糙皮侧耳 (*Pleurotus ostreatus*)、金顶侧耳 (*P. citrinopileatus*)、黄白侧耳 (*P. cornucopiae*)、肺形侧耳 (*P. pulmonarius*) 外，还包括菌核侧耳 (*P. tuber-regium*)、美味侧耳 (*P. sapidus*)、桃红侧耳 (*P. salmoneostramieus*)。调查表明，云南是可栽培侧耳类野生种质最为丰富的资源中心。同时，据调查显示栽培最为广泛的从印度引进的肺形侧耳 (凤尾菇) 在云南野生分布非常广泛，除滇东分布较少外，云南大部分地区的混交林和阔叶林均有分布，生态类型极其多样。

(1) 野生肺形侧耳遗传多样性分析

云南是我国肺形侧耳资源最为丰富的地区，云南及周边地区资源考察采集到多份这类资源。为此，以云南及周边地区和吉林的肺形侧耳 8 株野生菌株、1 株来自法国的栽培菌株为材料 (表 5.8)，进行了酯酶同工酶及转录单位间隔区 IGS2 的遗传多样性分析，应用 *Hpa* Ⅱ、*Bst* U Ⅰ、*Hin* P Ⅱ 三种限制性内切酶，对 IGS2 扩增产物进行酶切 (IGS2-RFLP)。酯酶同工酶检测出 13 条酶带，IGS2 经 *Hpa* Ⅱ、*Bst* U Ⅰ、*Hin* P Ⅱ 酶切之后，得到 17 个片段，其中有差异性片段 16 个，占总带数的 94.1%。经过 NTsys 软件分析，9 株肺形侧耳的扩增图谱相似系数为 0.38~0.79，平均相似系数为 0.61，这表明菌株之间的亲缘关系与分布地域有关，也表明我国自然分布的肺形侧耳遗传多样性非常丰富（表 5.9，图 5.5）。

表 5.8　肺形侧耳遗传多样性分析菌株及来源

序　号	菌　株	来　源
1	CCMSSC 00498	（栽培菌株）法国
2	CCMSSC 01106	四川省理县
3	CCMSSC 01120	四川省青川县
4	CCMSSC 01121	四川省青川县
5	CCMSSC 01122	四川省青川县
6	CCMSSC 01123	四川省青川县
7	CCMSSC 01334	吉林省长白山
8	y0970	云南省香格里拉县
9	y1028	云南省大姚县

表 5.9　9 株肺形侧耳的遗传相似系数矩阵

	00498	01106	01120	01121	01122	01123	01334	y0970	y1028
00498	1.00								
01106	0.55	1.00							
01120	0.59	0.69	1.00						
01121	0.55	0.52	0.69	1.00					
01122	0.48	0.58	0.76	0.52	1.00				
01123	0.58	0.62	0.79	0.69	0.76	1.00			
01334	0.48	0.59	0.55	0.66	0.45	0.55	1.00		
y0970	0.48	0.72	0.55	0.52	0.66	0.48	0.38	1.00	
y1028	0.66	0.62	0.72	0.76	0.62	0.79	0.55	0.69	1.00

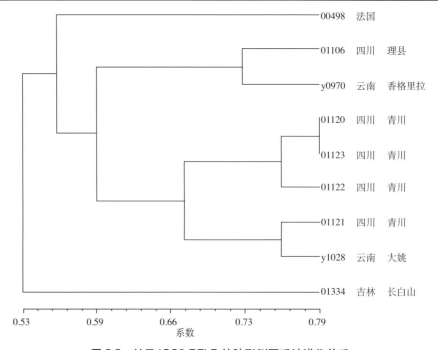

图 5.5　基于 IGS2-RFLP 的肺形侧耳系统进化关系

(2) 野生黄白侧耳遗传多样性分析

黄白侧耳 (*P. cornucopiae*) 春、秋生于阔叶树枯木上，在我国北京、河北、陕西、吉林、黑龙江、江苏、浙江、安徽、江西、山东、河南、湖南、广西、四川、云南、西藏、山西、新疆、台湾、海南等省(市、自治区)有分布。我国广为栽培的"紫孢平菇"、"姬菇"、"姬平菇"、"小平菇"、"小侧耳"等都属于黄白侧耳，其子实体细嫩，味道鲜美。以9株黄白侧耳 (表 5.10) 为材料，进行转录单位间隔区 2(IGS2) 分析，应用 *Hpa* Ⅱ、*Bst* U Ⅰ、*Hin* P Ⅱ 三种限制性内切酶，对 IGS2 扩增产物进行酶切 (IGS2-RFLP)，得到 10 个片段，全部是差异性片段。经过 NTsys 软件分析，9 个黄白侧耳的相似系数为 0.30~1.00(图 5.6)，表现出丰富的遗传多样性。而 01366 与 00847，Y0063 与 Y1050 未能区分开，有待进一步研究。

表 5.10　黄白侧耳遗传多样性分析菌株及来源

序　号	菌　株	来　源
1	318	云南省，张金霞采集
2	847	06.9.20 云南省，昆明野生子实体组织分离
3	1302	06.1 云南省，赵永昌采集
4	1336	07.9.10 吉林省，长白山，王柏采集
5	1366	07.12.17 荷兰，黄晨阳采集
6	y0063	09.3.25 云南省，南华县
7	y0568	09.3.25 云南省
8	y1050	09.3.25 云南省，云龙县
9	y1054	09.3.25 云南省，云龙县

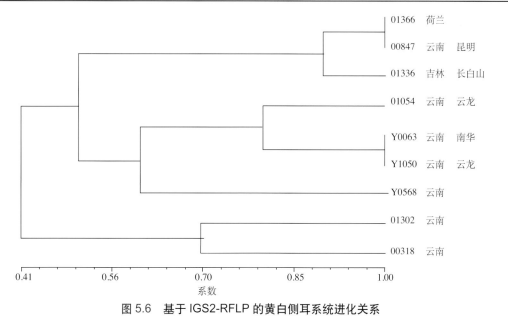

图 5.6　基于 IGS2-RFLP 的黄白侧耳系统进化关系

(3) 侧耳属资源可利用潜力分析

对采集的金顶侧耳 3 株，美味侧耳 2 株，黄白侧耳 25 株，肺形侧耳 8 株共 38 株菌株进行栽培评价，结果表明除美味侧耳外，其余 3 个种内都有较为优异的种质（图 5.7），结果如下。

1）金顶侧耳：1 株菌株较现栽培种质的出菇温度低 2℃，产量为生物学效率的 95%，与对照的现栽培种质相当，是很好的低温种质。

2）黄白侧耳：10 株菌株对温度不敏感，子实体形成个数多，产量高，其中 8 株菌株都是浅色种质，是小平菇、姬菇和抗性育种的可用材料。

3）肺形侧耳：7 株菌株综合农艺性状均表现较好，其中 3 株菌柄细长，适于干制加工，2 株菌株产量较高，达生物学效率 120%。

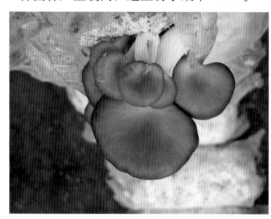
YAASM0063

YAASM0071

YAASM0847

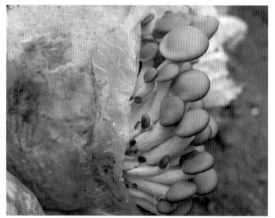
YAASM1709

图 5.7   部分野生侧耳属种质出菇试验

应用拮抗实验、酯酶同工酶电泳技术、DNA 分子标记技术 (ITS、IGS2) 对采自云南、四川、吉林等地区的 62 株侧耳属野生菌株进行遗传分析，结合形态特征、纤维素酶、漆酶特性，建立了野生侧耳属的种质特性信息库，为以后的侧耳育种材料的筛选奠定基础，分析结果如下。

1）采用拮抗实验将采自同一地区的菌株进行营养不亲和性分析，根据拮抗结果，从中选取代表菌株进行 ITS 序列分析，鉴定生物学的种。本项目鉴定菌株 62 株，其中肺形侧耳 26 株、白黄侧耳 24 株、金顶侧耳 5 株、紫孢侧耳 4 株、盖囊侧耳 (鲍鱼菇)3 株，分别来自吉林、四川、云南。

2) 利用聚丙烯酰胺凝胶垂直板电泳技术对收集的 62 株野生侧耳属菌株进行酯酶同工酶分析，结果表明其酶带数一般为 2~8 条。Rf 0.70 的酯酶带是黄白侧耳种的特有酶带，可以作为物种鉴定的重要依据。应用 NTsys 软件进行聚类分析表明，供试菌株在相关系数为 0.65 左右可分两大类：第一类主要为金顶侧耳，第二类主要为其他种。而在 0.77 的位置可以将白黄侧耳和肺形侧耳区别开来。

3) 对侧耳属菌株 rDNA-IGS2 区域用 *Bst* U I、*Hpa* II、*Hin* P I 三种限制性内切酶消化后，共得到条带 53 条，几乎都为特异性条带。根据条带特征，利用 NTsys 软件做聚类分析，说明侧耳属菌株之间具有高度的特异性。但尚未发现种的特征性片段。

4) 对供试菌株最适温度、菌丝生长速度进行测定，大部分菌株的最适生长温度都为 25~27℃。供试菌株的菌落形态、生长速度有明显差异。

5) 纤维素酶、漆酶活性测定结果表明，不同菌株之间的酶活性具显著差异，与其菌丝生长速度相吻合，即纤维素酶、漆酶活性高的，菌丝生长速度快。

4. 杨柳田头菇鉴定评价

将在剑川县、洱源县、玉龙县、禄丰县、宣威市等采集杨柳田头菇 (*Agrocybe salicacola*) 菌株 12 株，于 2008~2010 年进行了深入评价，为实现驯化栽培，育种奠定了基础。

以杨柳田头菇菌株 711 的子实体为材料，经担孢子弹射，用稀释分离法获得 224 株单孢菌株，其中单核菌株 210 株，交配试验及单孢出菇证明其为异宗结合种类。4 种交配型 AxBx：AyBx：AxBy：AyBy 为 47：59：53：51。研究结果还表明，杨柳田头菇 4 种交配型的数量、比例与单孢萌发速度、生长速度相关，在 4 种交配型中生长速度较慢的菌株都集中在同一种交配型，约占 1/4，值得注意的是，尽管快 (F)×慢 (S) 形成的异核体与快 (F)×快 (F) 形成的异核体在 YPD 平板上生长速度无明显差别，但在天然基质上 F×S 的异核体生长速度明显快于 F×F 的异核体，这说明交配因子 A 和 B 与生长速度基因可能连锁，且存在重组现象，同时 F×S 交配的异核体在生长上有优势。

初步的研究结果表明在所构建的单孢群体中，杨柳田头菇的担孢子生长速度与交配型有关，为以后对该菌的交配因子位点重组、平衡致死等位基因、隐性纯合致死等位基因、品种选育等提供了一定的理论依据。同时，单孢菌株的生长速度与其分泌的胞外酶活性有一定的关系，研究结果表明，不同菌株的单核体在显著水平为 0.05 上存在显著差异。而且杨柳田头菇较容易在平板上培养出菇，所有的这些特性为将该群体作为大型真菌生长发育研究用的模式菌株奠定了良好的基础。

5. 松茸鉴定评价

松茸 (*Tricholoma matsutake*) 是一种名贵的野生食用菌，属于口蘑属 (*Tricholoma*)。口蘑属约有 200 种，全球广泛分布，尤其是在北温带。Gill 等从形态解剖学、生理学上验证了松茸是外生菌根菌。云南及周边地区是我国松茸的重要产区，也是松茸品质最好的产区，贸易量约占全国的 90%，占出口日本的 70%。

在云南、西藏、四川和吉林共采集松茸样本 64 份。其中西藏 28 份、云南 27 份、吉林 9 份。对其中 59 株松茸样本进行了遗传多样性分析。ITS 序列扩增后有 58 株可以直接测序，其余样本 ITS 序列经克隆后测序获得。测序结果表明采自三个地区样本的 ITS 序列长度一致，NCBI 比对结果表明，与已经提交的松茸 ITS 序列的相似性为 99%~100%。这表明虽然吉林松茸的寄主植物与云南和西藏的寄主植物完全不同，但仍为同一物种。比对结果表明，同一区域内的不同样本之间 ITS 序列完全一致，但不同区域的样本间存在碱基的差异。吉林样本都在 455bp 处出现 C 或 T 的套峰，而云南和西藏样本在此处为 T；西藏样本在 563bp 处为 G，而云南和吉林样本在此处为 A。

测序表明，松茸的 mt SSU rDNA V4 区为 225bp，V9 区为 270bp，不同地区样本两个区的序列无差异，这与 2007 年 Bao 等报道的 V4 区存在碱基差异的结果不同。V4 区与已提交的松茸 mt SSU rDNA 全序列 (AF465617.1) 完全一致，V9 区与 AF465617.1 的相似度为 98%，在 144bp 处碱基不同，另外在 39bp、147bp、154bp 和 157bp 处分别存在 1 个 gap。

另外，利用 IGS1-RFLP 标记的分析结果表明，IGS1 区域约为 460bp。用 Cfr13 I 酶切后，用聚丙烯酰胺凝胶电泳检测结果如图 5.8 所示，由图可知酶切产物可以分成两种类型，即 4 条带的 A 类型 和 5 条带的新类型；这个类型由与 A 类型相同的 4 条带和 1 条 19bp 的条带组成。云南松茸样本全部属于 A 类型；西藏和吉林松茸样本全部属于新类型。IGS1 测序发现同一区域内的样本序列完全相同，来自不同区域的序列各不相同 (图 5.9)，故 59 份样本按区域可分成三大类群。

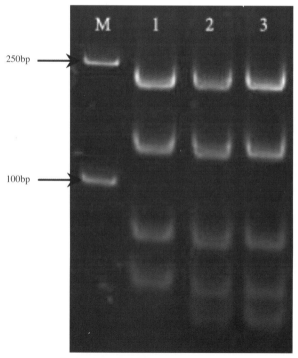

图 5.8　三个地区部分松茸样本 IGS1-RFLP 结果

泳道 M. DL2000 DNA Ladder；泳道 1. 云南松茸样本 IGS1 酶切结果；泳道 2. 吉林松茸样本 IGS1 酶切结果；泳道 3. 西藏松茸样本 IGS1 酶切结果

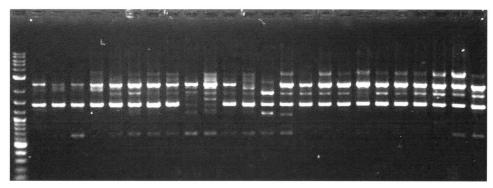

```
吉林地区IGS1序列    57   TTGCTCCCTAAACTAACTCTGCCCTGCCCC-----CAAGGGACATTCTCCCTAGAC 107
西藏地区IGS1序列    57   TTGCTCCCTAAACTAACTCTGCCCTGCCCGGCCCCCAAGGGACATTCTCCCTAGAC 112
云南地区IGS1序列    57   TTGCTCCCTAAACTAACTCTGCCCTGCCCC-----CAAGGGACATTCTCCCTAGAC 107

吉林地区IGS1序列   108   CCGTGCCCAAGTTTATATGACCGGCCCTCAACACCATATGAGAAATAAAGAAA--- 160
西藏地区IGS1序列   113   CCGTGCCCAAGTTTATATGACCGGCCCTCAACACCATATGAGAAATAAAGAAA--- 165
云南地区IGS1序列   108   CCGTGCCCAAGTTTATATGACCGGCCCTCAACACCATATGAGAAATAAAGAAAGAA 163

吉林地区IGS1序列   161   -AAAAGTTCAACAAAAGTCGAACAAATCTTTAGAACAAGGGCTTAACCTCAGCGGA 215
西藏地区IGS1序列   166   -AAAAGTTCAACAAAAGTCGAACAAATCTTTAGAACAAGGGCTTAACCTCAGCGGA 220
云南地区IGS1序列   164   AAAAAGTTCAACAAAAGTCGAACAAATCTTTAGAACAAGGGCTTAACCTCAGCGGA 219
```

图 5.9　三个地区松茸样本 IGS1 序列比对结果

RAPD 分析结果表明，筛选出的 5 条多态性较好的引物共产生 43 条条带，其中 36 条具有多态性，多态性比例为 83.7%，用 NTsys 2.0 软件 UPGMA 方法聚类分析，如图 5.10，图 5.11 所示，在相似系数约为 0.7 处将供试样本分为三大类群，遗传距离与地理分布呈正相关，证明它们的亲缘关系较近。因此仍然需要开发新的 RAPD 引物或其他分子标记进一步分析。

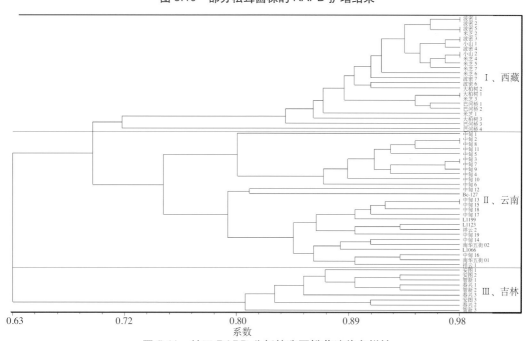

图 5.10　部分松茸菌株的 RAPD 扩增结果

图 5.11　基于 RAPD 分析的我国松茸遗传多样性

第二节　食用菌优异种质资源简介

1. 香菇（香蕈、冬菇）

【**学名**】香菇（香蕈、冬菇）是栽培香菇（*Lentinula edodes* (Berk.)Pegler）的野生种质。

【**云南编号和采集地**】云南编号：YAASM-1121。采集地点：云南省漾濞县。

【**基本特征特性**】生于阔叶林栎树上。培养基 YPD，培养温度 25℃，子实体形成温度 15~22℃，保藏培养基 YPD，保藏温度 4℃。单生，浅色，菌盖绒毛，转色出菇，80d 左右形成子实体。

【**优异性状**】菌丝培养耐高温，出菇周期短。

【**利用价值**】作为育种材料，或用于系统驯化选育栽培品种。

2. 香菇（香蕈、冬菇）

【**学名**】香菇（香蕈、冬菇）是栽培香菇（*Lentinula edodes*(Berk.)Pegler）的野生品种。

【**云南编号和采集地**】云南编号：YAASM-1121。采集地点：云南省漾濞县。

【**基本特征特性**】生于阔叶林栎树上。培养基 YPD，培养温度 25℃，子实体形成温度 15~22℃，保藏培养基 YPD，保藏温度 4℃。单生，菌盖圆形，浅色，菌盖绒毛，转色出菇，120d 左右形成子实体。

【**优异性状**】菌丝培养耐高温，菇型好，出菇周期长。

【**利用价值**】作为育种材料，或用于系统驯化选育栽培品种。

3. 香菇（香蕈、冬菇）

【**学名**】香菇（香蕈、冬菇）是栽培香菇（*Lentinula edodes*(Berk.)Pegler）的野生品种。

【**云南编号和采集地**】云南编号：YAASM-1121。采集地点：云南省永平县。

【**基本特征特性**】生于阔叶林栎树上。培养基 YPD，培养温度 25℃，子实体形成温度 15~22℃，保藏培养基 YPD，保藏温度 4℃。丛生，浅色，菌盖绒毛，柄细长盖小，出菇时间长，不转色出菇，160d 左右形成子实体。

【**优异性状**】菌丝培养耐高温，菇柄长。

【**利用价值**】作为育种材料，或用于系统驯化选育栽培品种，特别是用于选育鲜食类工厂化栽培品种。

4. 奥氏奥德蘑

【**学名**】*Oudemansiella australis*(Dörfelt)R. H. Petersen。

【**云南编号和采集地**】云南编号：YAASM-1750。采集地点：云南省麻栗坡县。

【**基本特征特性**】野生可驯化种类，生于阔叶林土壤中。培养基 YPD，培养温度 25℃，子实体形成温度 20~30℃，保藏培养基 YPD，保藏温度 4℃。单生或簇生，菌盖白色中部灰色有斑点，菌柄白色基部膨大有鳞片易开裂，100d 左右形成子实体。

【优异性状】子实体清香，口感好。

【利用价值】用于系统驯化选育栽培品种。

5. 黄伞（多脂鳞伞、肥鳞耳、黄环锈伞）

【学名】*Pholiota adiposa* (Fr.) Quél.。

【云南编号和采集地】云南编号：YAASM-1432。采集地点：云南省剑川县。

【基本特征特性】野生种质，生于混交林栲树上。培养基 YPD，培养温度 25℃，子实体形成温度 18~28℃，保藏培养基 YPD，保藏温度 4℃。丛生 (5~15 株)，菌盖土黄到浅黄有鳞片，菌柄浅黄有鳞片，菌环易脱落，70d 左右形成子实体。

【优异性状】生育期短，出菇范围广。

【利用价值】用于驯化选育栽培品种。

6. 多脂鳞伞（黄伞、肥鳞耳、黄环锈伞）

【学名】*Pholiota adiposa*(Fr.)Quél.。

【云南编号和采集地】云南编号：YAASM-1596。采集地点：云南省宜良县。

【基本特征特性】野生种质，生于混交林栲树上。培养基 YPD，培养温度 25℃，子实体形成温度 18~28℃，保藏培养基 YPD，保藏温度 4℃。丛生 (8~20 株)，菌盖土黄到浅黄有鳞片，菌柄浅黄有鳞片，菌环易脱落，70d 左右形成子实体。

【优异性状】生育期短，单丛子实体个数多均匀。

【利用价值】用于驯化选育栽培品种，特别是工厂化栽培的栽培品种。

7. 肺形侧耳（凤尾菇）

【学名】肺形侧耳（凤尾菇）是栽培种类凤尾菇 (*Pleurotus pulmonarius*(Fr.)Quel.) 的野生种质。

【云南编号和采集地】云南编号：YAASM-1677。采集地点：云南省思茅区。

【基本特征特性】生于阔叶林杨树上。培养基 YPD，培养温度 25℃，子实体形成温度 20~25℃，保藏培养基 YPD，保藏温度 4℃。单生或丛生，菌盖白到浅灰，菌柄侧生细长，60d 左右形成子实体。

【优异性状】菌盖小，柄细长。

【利用价值】用于选育整个加工类的栽培品种。

8. 红平菇

【学名】红平菇是栽培种类桃红平菇 (*Pleurotus djamor*(Fr.)Boedjin) 的野生种质。

【云南编号和采集地】云南编号：YAASM-1371。采集地点：云南省勐腊县。

【基本特征特性】野生种质，生于阔叶林栎树上。培养基 YPD，培养温度 25℃，子实体形成温度 20~28℃，保藏培养基 YPD，保藏温度 4℃。簇生 ,菌盖白色边缘不规则，菌柄乳白色，100d 左右形成子实体。

【优异性状】菌丝培养期耐高温 (35℃)，出菇温度广，同时在强弱光条件下颜色稳定。

【利用价值】用于培育新的栽培品种，也可作为耐高温品种选育的育种材料。

9. 栎生侧耳（栎北风菌、栎平菇）

【学名】*Pleurotus dryinus* Pers.(Fr.)Kummer。

【云南编号和采集地】云南编号：YAASM-1691。采集地点：云南省思茅区。

【基本特征特性】野生种质，生于阔叶林杨树上。培养基 YPD，培养温度 25℃，子实体形成温度 20~32℃，保藏培养基 YPD，保藏温度 4℃。单生，菌盖灰褐边缘有附着物，菌柄白色粗长 [(2.5~3.0)cm × (20~30)cm] 有鳞片，120d 左右形成子实体。

【优异性状】附着物易脱落，菇型好，口感好，保鲜期长。

【利用价值】可作为栽培新种类。

10. 桃红侧耳（桃红平菇）

【学名】*Pleurotus salmoneostramineus* L.Vass.。

【云南编号和采集地】云南编号：YAASM-1644。采集地点：云南省勐腊县。

【基本特征特性】栽培种类野生种质，生于阔叶林栎树上。培养基 YPD，培养温度 25℃，子实体形成温度 20~32℃，保藏培养基 YPD，保藏温度 4℃。丛生，菌盖粉红喇叭状，菌柄淡红色，70d 左右形成子实体。

【优异性状】菇型好，产量高，抗病性强，耐高温高湿。

【利用价值】可直接作为栽培品种。

11. 桃红侧耳（桃红平菇）

【学名】*Pleurotus salmoneostramineus* L.Vass.。

【云南编号和采集地】云南编号：YAASM-1644。采集地点：云南省勐腊县。

【基本特征特性】栽培种类野生种质，生于阔叶林栎树上。培养基 YPD，培养温度 25℃，子实体形成温度 20~30℃，保藏培养基 YPD，保藏温度 4℃。单生或丛生，菌盖粉红边缘波纹状，菌柄侧生，80d 左右形成子实体。

【优异性状】抗病性强，耐高温高湿。

【利用价值】可作为选育栽培品种的育种材料。

12. 杨柳冬菇

【学名】*Flammulina rossica* Redhead et R. H. Petersen。

【云南编号和采集地】云南编号：YAASM-0960。采集地点：云南省香格里拉县。

【基本特征特性】冬菇新的野生种质，生于阔叶林高山柳上。培养基 YPD，培养温度 22℃，子实体形成温度 20~25℃，保藏培养基 YPD，保藏温度 4℃。簇生至丛生，菌盖灰白色，菌柄乳白色，150d 左右形成子实体。

【优异性状】我国仅分布于滇川藏比邻地区，属冬菇属高海拔地区分布种类，口感好，质地硬，不易褐变。

【利用价值】系统选育新的栽培种类。

13. 金针菇（冬菇）

【学名】 金针菇是冬菇 (*Flammulina velutipes*(Fr.)Singer) 的野生种质。

【云南编号和采集地】 云南编号：YAASM-0033。采集地点：云南省香格里拉县。

【基本特征特性】 生于阔叶林高山柳上。培养基 YPD，培养温度 22℃，子实体形成温度 18~25℃，保藏培养基 YPD，保藏温度 4℃。丛生，菌盖米白色到淡黄色，菌柄细浅棕色，60d 左右形成子实体。

【优异性状】 生育期短。

【利用价值】 可作为选育栽培品种的育种材料。

14. 珊瑚猴头

【学名】 *Hericium coralloides*(Scop. Fr.)Persen ex Gray。

【云南编号和采集地】 云南编号：YAASM-0893。采集地点：云南省剑川县。

【基本特征特性】 猴头菇属野生种质，生于混交林栲树上。培养基 YPD，培养温度 25℃，子实体形成温度 18~25℃，保藏培养基 YPD，保藏温度 4℃。子实体中等，白色，分枝细，100d 左右形成子实体。

【优异性状】 药用菇类，对胃炎和消化不良有治疗作用。

【利用价值】 可作为新的栽培品种。

15. 杨柳田头菇

【学名】 *Agrocybe salicacola* Zhu L.Yang, M. Zang et X. X. Liu。

【云南编号和采集地】 云南编号：YAASM0711。采集地点：云南省香格里拉县。

【基本特征特性】 杨柳田头菇为云南特有种类，杨柳田头菇菌株子实体在生长末期宏观形态如下：子实体成丛，高 10~12cm，菌盖中部米黄色，边缘白色，中部末端龟裂，不黏，无辐射状条纹，直径 5~6cm，菌柄长 7~10cm，直径 0.5~0.7cm，乌白色，内实，柄上膜质菌环明显，有辐射状细条纹。

【优异性状】 该菌株出菇快，抗逆性强。

【利用价值】 已建立了单孢菌株群体，由于其单孢菌株群体具有良好的多样性，自交出菇特性稳定，可作为遗传育种的模式菌株。

16. 黑木耳

【学名】 黑木耳 (*Auricularia auricula-judae*(Bull.)Quél.) 野生种质。

【云南编号和采集地】 云南编号：YAASM-1085。采集地点：云南省晋宁县。

【基本特征特性】 菌丝生长最适温度 29℃，最适 pH6.8；菊花状，耳片直径 3.6cm，大小均匀齐整，浅红褐色，耳脉大而少，耳根大，无绒毛，边缘波浪状。

【优异性状】 耳型好，颜色鲜艳，耐高温。

【利用价值】 可作为新的栽培品种。

17. 黑木耳

【学名】黑木耳 (*Auricularia auricula-judae*(Bull.)Quél.) 的野生种质。

【云南编号和采集地】云南编号：YAASM-1086。采集地点：云南省晋宁县。

【基本特征特性】菌丝生长最适温度 29℃，最适 pH6.8；单片状，耳片直径 3.4cm，大小均匀齐整，浅红褐色，耳脉小而少，耳根大小适中，无绒毛，边缘波浪状或半圆形。

【优异性状】耳型好，颜色鲜艳，耐高温。

【利用价值】可作为新的栽培品种。

18. 黑木耳

【学名】黑木耳 (*Auricularia auricula-judae*(Bull.)Quél.) 的野生种质。

【云南编号和采集地】云南编号：YAASM-1087。采集地点：云南省晋宁县。

【基本特征特性】菌丝生长最适温度 29℃，最适 pH6.8；菊花状，耳片直径 3cm，大小均匀齐整，浅红褐色，耳脉小而少，耳根大，无茸毛，边缘半圆形。

【优异性状】耳型好，颜色鲜艳，耐高温。

【利用价值】可作为新的栽培品种。

19. 黑木耳

【学名】黑木耳 (*Auricularia auricula-judae*(Bull.)Quél.) 的野生种质。

【云南编号和采集地】云南编号：YAASM-1088。采集地点：云南省晋宁县。

【基本特征特性】菌丝生长最适温度 29℃，最适 pH6.8；单片状，耳片直径 3.2cm，大小均匀齐整，浅红褐色，无耳脉，耳根大，无绒毛，边缘波浪状或半圆形。

【优异性状】耳型好，颜色鲜艳，耐高温。

【利用价值】可作为新的栽培品种。

20. 黑木耳

【学名】黑木耳 (*Auricularia auricula-judae*(Bull.)Quél.) 的野生种质。

【云南编号和采集地】云南编号：YAASM-1089。采集地点：云南省晋宁县。

【基本特征特性】菌丝生长最适温度 29℃，最适 pH6.8；菊花状，耳片直径 5.2cm，大小较均匀，浅红褐色，耳脉小而少，耳根大小适中，无绒毛，边缘波浪状或半圆形，腹面红白，正面红褐色。

【优异性状】耳型好，颜色鲜艳，耐高温。

【利用价值】可作为新的栽培品种。

（张金霞　赵永昌）

第六章 药用植物优异种质资源

第一节 砂仁优异种质资源

砂仁是我国著名的"四大南药"之一，为姜科豆蔻属阳春砂 (*Amomum villosum* Lour.)、绿壳砂 (*A. villosum* Lour. var. *xanthioides* T. L. Wu et Senjen) 及海南砂 (*A. longiligulare* T. L. Wu) 的干燥成熟果实。阳春砂是生产上种植的主要品种，品质最佳。砂仁味辛性温，归脾、胃、肾经，具有化湿开胃、温脾止泻、理气安胎的功效，用于湿浊中阻，脘痞不饥，脾胃虚寒，呕吐泄泻，妊娠恶阻，胎动不安。现代药学研究表明砂仁的主要有效物质为挥发油，其中包含乙酸龙脑酯、樟脑、龙脑、香草酸等多种成分。另外，砂仁还是有名的食用调味品及香料，民间也取其花朵、花序梗及由茎叶提取的砂仁油作药用。

项目组对全国砂仁产区及生产现状进行了详细调研，收集和采集了 64 份砂仁种质，并对不同种质的生物学性状、品质性状及遗传多样性进行了鉴定评价。

1. 阳春砂

【学名】阳春砂 (*Amomum villosum* Lour.)。

【采集号与采集地】采集编号：y08010829。采集地点：云南省勐腊县象明乡。

【基本特征特性】植株中等，果长形，紫红色。

【优异性状】果实大，单果重 5.2g (平均单果重 3.5g)。

【利用价值】常用作中药、食用调味品及香料，具有化湿开胃、温脾止泻、理气安胎的功效。

图 6.1 阳春砂（勐腊）植株和果实

2. 阳春砂

【学名】阳春砂 (*Amomum villosum* Lour.)。

【采集号与采集地】采集编号：y07122813。采集地点：云南省景洪市大渡岗乡。

【基本特征特性】植株矮秆型，果小，紫红色，果刺较多。

【优异性状】挥发油及乙酸龙脑酯含量高，分别为4.20%和68.92%（平均测定值为3.61%和59.66%）；抗逆性好（抗病、抗寒）。

【利用价值】常用作中药、食用调味品及香料，具有化湿开胃、温脾止泻、理气安胎的功效。

图 6.2 阳春砂（景洪）植株和果实

3. 阳春砂

【学名】阳春砂 (*Amomum villosum* Lour.)。

【采集号与采集地】采集编号：y07122814。采集地点：云南省景洪市大渡岗乡。

【基本特征特性】植株中等，果长形，紫红色，果刺较多。

【优异性状】挥发油及乙酸龙脑酯含量高，分别为4.20%和68.89%（平均测定值为3.61%和59.66%）。

【利用价值】常用作中药、食用调味品及香料，具有化湿开胃、温脾止泻、理气安胎的功效。

图 6.3 阳春砂（景洪）植株和果实

4. 阳春砂

【学名】 阳春砂 (*Amomum villosum* Lour.)。

【采集号与采集地】 采集编号：y07122815。采集地点：云南省景洪市大渡岗乡。

【基本特征特性】 植株中等，果圆形，紫红色，果刺较多。

【优异性状】 产量高；挥发油及乙酸龙脑酯含量高，分别为 4.25% 和 62.54%（平均测定值为 3.61% 和 59.66%）。

【利用价值】 常用作中药、食用调味品及香料，具有化湿开胃、温脾止泻、理气安胎的功效。

图 6.4 阳春砂（景洪）植株和果实

5. 阳春砂

【学名】 阳春砂 (*Amomum villosum* Lour.)。

【采集号与采集地】 采集编号：y07101901。采集地点：云南省景洪市景哈乡曼坝河村。

【基本特征特性】 植株高大，果圆形，紫红色，果皮上软毛刺较多，长而粗，种子黑褐色。

【优异性状】 产量较高；种子发芽率高，达 76.25%（所有供试种质平均发芽率仅 29.46%）。

【利用价值】 常用作中药、食用调味品及香料，具有化湿开胃、温脾止泻、理气安胎的功效。

图 6.5 阳春砂（景洪）植株和果实

6. 阳春砂

【学名】 阳春砂 (*Amomum villosum* Lour.)。

【采集号与采集地】 采集编号：y08010827。采集地点：云南省勐腊县象明乡。

【基本特征特性】 植株矮小，果圆形，淡红色，果刺少。

【优异性状】 果实淡红色。折干率高达 20.6%，乙酸龙脑酯含量达 63.8%。

【利用价值】 常用作中药、食用调味品及香料，具有化湿开胃、温脾止泻、理气安胎的功效。

图 6.6　阳春砂（勐腊）果实

7. 阳春砂

【学名】 阳春砂 (*Amomum villosum* Lour.)。

【采集号与采集地】 采集编号：y07122709。采集地点：云南省景洪市大渡岗乡。

【基本特征特性】 晚熟，植株中等，为阳春砂和绿壳砂杂交种，果圆形，红绿色。

【优异性状】 果实红绿色。

【利用价值】 常用作中药、食用调味品及香料，具有化湿开胃、温脾止泻、理气安胎的功效。

图 6.7　阳春砂（景洪）果实

8. 阳春砂

【学名】阳春砂 (*Amomum villosum* Lour.)。

【采集号与采集地】采集编号：y08052138。采集地点：云南省西盟县勐梭镇。

【基本特征特性】晚熟，植株中等，距茎秆顶端 1/3 处叶基套抱在一起。

【优异性状】产量高。

【利用价值】常用作中药、食用调味品及香料，具有化湿开胃、温脾止泻、理气安胎的功效。

图 6.8　云南西盟阳春砂植株

第二节　石斛优异种质资源

石斛的原植物有铁皮石斛 (*Dendrobium candidum* Wall. ex Lingdl.)、金钗石斛 (*D. nobile* Lindl.)、马鞭石斛 (*D. fimbriatum* Hook. var. *oculatum* Hook.)、鼓槌石斛 (*D. chrysotoxum* Lindl.) 等，是我国传统名贵中药材，具有滋阴清热、益胃生津、润肺止咳等功效，常用于热病伤津、口干烦渴、病后虚热等多种病症。药理实验研究证明铁皮石斛具有抗肿瘤、抗衰老、增强机体免疫力等功效，多糖类成分是石斛中具有增强免疫力作用和抗肿瘤作用的活性成分，且含量较高。铁皮石斛野生资源在 20 世纪末已濒临灭绝，随着人工驯化栽培技术的日趋成熟，铁皮石斛的人工种植面积逐年增大，其中浙江和云南是铁皮石斛的栽培大省，栽培方式主要是设施栽培。鼓槌石斛产于云南南部和西部，生于海拔 520~1620m 阳光充分的常绿阔叶林中的树干上或疏林下岩石上，印度东北部、缅甸、泰国、老挝、越南也有分布。项目组对石斛种质资源进行了采集，并对其生物学性状、产量性状及品质性状等方面进行了鉴定评价。

9. 鼓槌石斛

【学名】鼓槌石斛 (*Dendrobium chrysotoxum* Lindl.)。

【采集号与采集地】采集编号：gc-08001。采集地点：云南省勐腊县尚勇乡。

【**基本特征特性**】假鳞茎长 29.6cm，粗 3.4cm，纺锤状，黄绿色，具 6 片叶；叶长椭圆形，深绿色。

【**优异性状**】假鳞茎为中高粗壮型，单茎重 134.3g。

【**利用价值**】假鳞茎具益胃生津、滋阴清热的功效。现代研究表明，其还具有调节心脑血管作用，能抑制肿瘤的活性，是心脑血管疾病用药脉络宁注射液的主要原料之一。

图 6.9　鼓槌石斛（勐腊）植株和假鳞茎

10. 鼓槌石斛

【**学名**】鼓槌石斛（*Dendrobium chrysotoxum* Lindl.）。

【**采集号与采集地**】采集编号：gc-08003。采集地点：云南省景洪市大渡岗乡。

【**基本特征特性**】假鳞茎长 30.7cm，粗 3.3cm，纺锤状，黄绿色，具 6 片叶；叶宽椭圆形，深绿色。

【**优异性状**】假鳞茎为高粗型。

【**利用价值**】假鳞茎具益胃生津、滋阴清热的功效。现代研究表明，其还具有调节心脑血管作用，能抑制肿瘤的活性，是心脑血管疾病用药脉络宁注射液的主要原料之一。

图 6.10　鼓槌石斛（景洪）植株和假鳞茎

11. 鼓槌石斛

【**学名**】鼓槌石斛（*Dendrobium chrysotoxum* Lindl.）。

【采集号与采集地】采集编号：gc-08007。采集地点：云南省勐海县。

【基本特征特性】假鳞茎长 32.0cm，粗 2.2cm，棒状，黄绿色，具 8 片叶；叶线状披针形，深绿色。

【优异性状】假鳞茎为细高型，折干率高，达 25.9%。

【利用价值】假鳞茎具益胃生津、滋阴清热的功效。现代研究表明，其还具有调节心脑血管作用，能抑制肿瘤的活性，是心脑血管疾病用药脉络宁注射液的主要原料之一。

图 6.11 鼓槌石斛（勐腊）植株和假鳞茎

12. 鼓槌石斛

【学名】鼓槌石斛（*Dendrobium chrysotoxum* Lindl.）。

【采集号与采集地】采集编号：gc-08002。采集地点：云南省勐腊县尚勇乡。

【基本特征特性】假鳞茎长 19.7cm，粗 3.8cm，纺锤状，黄绿色，具 6 片叶；叶长椭圆形，深绿色。

【优异性状】假鳞茎为短粗型。

【利用价值】假鳞茎具益胃生津、滋阴清热的功效。现代研究表明，其还具有调节心脑血管作用，能抑制肿瘤的活性，是心脑血管疾病用药脉络宁注射液的主要原料之一。

图 6.12 鼓槌石斛（勐腊）植株和假鳞茎

13. 鼓槌石斛

【学名】鼓槌石斛 (*Dendrobium chrysotoxum* Lindl.)。

【采集号与采集地】采集编号：gc-08008。采集地点：云南省普洱市景谷县。

【基本特征特性】假鳞茎长30.3cm，粗2.2cm，棒状，黄绿色，具6片叶；叶长椭圆形，深绿色。

【优异性状】花黄色，唇瓣斑块栗色。

【利用价值】假鳞茎具益胃生津、滋阴清热的功效。现代研究表明，其还具有调节心脑血管作用，能抑制肿瘤的活性，是心脑血管疾病用药脉络宁注射液的主要原料之一。

图6.13　鼓槌石斛（景谷）植株和花

14. 鼓槌石斛

【学名】鼓槌石斛 (*Dendrobium chrysotoxum* Lindl.)。

【采集号与采集地】采集编号：gc-08009。采集地点：云南省江城县。

【基本特征特性】假鳞茎长31.5cm，粗2.0cm，棒状，黄绿色，具7片叶；叶长椭圆形，深绿色。

【优异性状】花黄色，唇瓣斑块紫红色。假鳞茎长粗型，产量高。

【利用价值】假鳞茎具益胃生津、滋阴清热的功效。现代研究表明，其还具有调节心脑血管作用，能抑制肿瘤的活性，是心脑血管疾病用药脉络宁注射液的主要原料之一。

图6.14　鼓槌石斛（江城）植株和花

15. 鼓槌石斛

【**学名**】鼓槌石斛（*Dendrobium chrysotoxum* Lindl.）。

【**采集号与采集地**】采集编号：gc-08010。采集地点：云南省普洱市翠云区大寨石斛种植场。

【**基本特征特性**】假鳞茎长 32.9cm，粗 2.5cm，棒状，黄绿色，具 6 片叶；叶宽椭圆形，深绿色。

【**优异性状**】花黄色，唇瓣斑块橘红色。假鳞茎长粗型，产量高。

【**利用价值**】假鳞茎具益胃生津、滋阴清热的功效。现代研究表明，其还具有调节心脑血管作用，能抑制肿瘤的活性，是心脑血管疾病用药脉络宁注射液的主要原料之一。

图 6.15　鼓槌石斛（普洱）植株和花

16. 鼓槌石斛

【**学名**】鼓槌石斛（*Dendrobium chrysotoxum* Lindl.）。

【**采集号与采集地**】采集编号：gc-08004。采集地点：云南省景洪市。

【**基本特征特性**】假鳞茎纺锤状，黄绿色，具 5 片叶；叶长椭圆形，深绿色。

【**优异性状**】花黄色，唇瓣匙状。

【**利用价值**】假鳞茎具益胃生津、滋阴清热的功效。现代研究表明，其还具有调节心脑血管作用，能抑制肿瘤的活性，是心脑血管疾病用药脉络宁注射液的主要原料之一。

图 6.16　鼓槌石斛（景洪）植株和花

17. 鼓槌石斛

【学名】鼓槌石斛（*Dendrobium chrysotoxum* Lindl.）。

【采集号与采集地】采集编号：gc-08005。采集地点：云南省景洪市。

【基本特征特性】假鳞茎棒状，黄绿色；叶长椭圆形，深绿色。

【优异性状】花黄色，唇瓣披针形。

【利用价值】假鳞茎具益胃生津、滋阴清热的功效。现代研究表明，其还具有调节心脑血管作用，能抑制肿瘤的活性，是心脑血管疾病用药脉络宁注射液的主要原料之一。

图 6.17　鼓槌石斛（景洪）植株和花

18. 鼓槌石斛

【学名】鼓槌石斛（*Dendrobium chrysotoxum* Lindl.）。

【采集号与采集地】采集编号：gc-08006。采集地点：云南省景洪市大渡岗乡。

【基本特征特性】假鳞茎锤状，紫色；叶长椭圆形，深绿色。

【优异性状】假鳞茎紫色，单茎量达 80.0% 以上。

【利用价值】假鳞茎具益胃生津、滋阴清热的功效。现代研究表明，其还具有调节心脑血管作用，能抑制肿瘤的活性，是心脑血管疾病用药脉络宁注射液的主要原料之一。

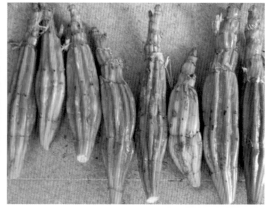

图 6.18　鼓槌石斛（景洪）植株和假鳞茎

19. 铁皮石斛

【学名】铁皮石斛 (*Dendrobium candidum* Wall. ex Ldl.)。

【采集号与采集地】采集编号：TPY081215001。采集地点：云南省景洪市勐养镇。

【基本特征特性】假鳞茎翠绿色，细，硬，脆；叶浅绿色，叶鞘纵条白色。

【优异性状】假鳞茎细长，折干率为 25.2%，多糖含量达 31.12%。

【利用价值】假鳞茎主要成分有多糖、生物碱和多种氨基酸等；具有益胃生津、滋阴清热、增强机体免疫力、抗肿瘤、抗氧化、抗肝损伤、降血糖等功效；主要作为药用及保健品使用，临床上多用于癌症的治疗或辅助治疗。

图 6.19　铁皮石斛（景洪）植株和花

20. 铁皮石斛

【学名】铁皮石斛 (*Dendrobium candidum* Wall. ex Ldl.)。

【采集号与采集地】采集编号：TPY081215002。采集地点：云南省景洪市勐养镇。

【基本特征特性】假鳞茎短粗，肉质，淡绿色带紫；叶深绿色，叶鞘纵条稀疏但具有密集紫色斑点。

图 6.20　铁皮石斛（景洪）叶和假鳞茎

【优异性状】假鳞茎产量高。

【利用价值】假鳞茎主要成分有多糖、生物碱和多种氨基酸等；具有益胃生津、滋阴清热、增强机体免疫力、抗肿瘤、抗氧化、抗肝损伤、降血糖等功效；主要作为药用及保健品使用，临床上多用于癌症的治疗或辅助治疗。

21. 铁皮石斛

【学名】铁皮石斛 (*Dendrobium candidum* Wall. ex Ldl.)。

【采集号与采集地】采集编号：TPY081215003。采集地点：云南省景洪市勐养镇。

【基本特征特性】假鳞茎粗而长，较硬，淡绿色带紫；叶深绿色，叶鞘纵条和紫色斑点密集。

【优异性状】假鳞茎粗长而硬；产量高。

【利用价值】主要成分有多糖、生物碱和多种氨基酸等；具有益胃生津、滋阴清热、增强机体免疫力、抗肿瘤、抗氧化、抗肝损伤、降血糖等功效；主要作为药用及保健品使用，临床上多用于癌症的治疗或辅助治疗。

图 6.21　铁皮石斛（景洪）叶和假鳞茎

22. 铁皮石斛

【学名】铁皮石斛 (*Dendrobium candidum* Wall. ex Ldl.)。

【采集号与采集地】采集编号：TPY081222024。采集地点：云南省普洱市。

【基本特征特性】假鳞茎中长、粗型，肉质，绿色偏紫，节环明显；叶浓绿色、肉质，背面有紫色斑点。

【优异性状】多糖含量及折干率高达 37.05% 和 50.77%（所有供试种质平均值为 29.31% 和 23.60%）。

【利用价值】假鳞茎主要成分有多糖、生物碱和多种氨基酸等；具有益胃生津、滋阴清热、增强机体免疫力、抗肿瘤、抗氧化、抗肝损伤、降血糖等功效；主要作为药用及保健品使用，临床上多用于癌症的治疗或辅助治疗。

图 6.22　铁皮石斛（普洱）植株和花

23. 铁皮石斛

【学名】铁皮石斛（*Dendrobium candidum* Wall. ex Ldl.）。

【采集号与采集地】采集编号：TPY081222025。采集地点：云南省普洱市。

【基本特征特性】假鳞茎细长型，长可达 70cm 以上，较细，硬；叶淡绿色。

【优异性状】多糖含量高达 40.05%（所有供试种质平均值为 29.31%）。

【利用价值】假鳞茎主要成分有多糖、生物碱和多种氨基酸等；具有益胃生津、滋阴清热、增强机体免疫力、抗肿瘤、抗氧化、抗肝损伤、降血糖等功效；主要作为药用及保健品使用，临床上多用于癌症的治疗或辅助治疗。

图 6.23　铁皮石斛（普洱）假鳞茎和花

（李先恩　高微微　李学兰　段立胜　张丽霞　唐德英　彭朝忠　祁建军）

第七章 畜禽优异种质资源

云南地区具有丰富的农业畜禽种质资源多样性，对其调查过程中发现和采集了一批特异的畜禽种质资源，为畜禽科学基础研究和应用研究提供了重要的基础材料。本次调查共采集了 101 份畜禽种质资源，采集样本 2152 份，其中组织样本 1707 份，血液样本 445 份。采集样本中，符合评价标准的有 55 份，包括家畜 41 份，家禽 14 份。进行重点现场调查的种质资源有 24 份，从中筛选出具有重要利用价值的畜禽种质资源 11 份开展了实验室深入评价，包括藏绵羊、丽江绵羊、文山矮马、云南矮马、大理马、勐腊茶鸡、藏鸡、茶花鸡、贡山土鸡、勐海矮脚鸡、武定鸡。

对采集的特有和重要畜禽种质资源的体型外貌、生产性能、重要经济价值等情况进行调查，揭示这些资源的产量性状、品质、繁殖性状、生产性能、抗病虫性、抗逆性等可利用性指标，并采集典型个体的血液样本或组织样本作为深入评价的实验材料。通过鉴定评价共筛选出 26 份优异种质资源，本章分 5 节予以介绍。

第一节 羊优异种质资源

1. 剑川山羊

【学名】 剑川山羊是家山羊 (*Capra aegagrus hircus*) 的一个品种。

【采集号与采集地】 采集编号：2007531601 。采集地点：云南省剑川县金华镇庆华村。

【基本特征特性】 剑川山羊主要分布在剑川县的山区，放牧饲养，规模比较小，多为 20~40 只的群体。该品种由藏系山羊的一个品系演化而来，属于肉乳兼用型。20 世纪 80 年代后，曾经引进其他品种与之杂交，范围不大，因此，整个群体基本保留了原有的特征特性。该品种毛色以黑色为主，也有棕色、白色，部分品种的面部、耳缘、背部、腹部、腿部或臀部会出现分布均匀的异色条带。

【优异性状】 剑川山羊适应能力强，四肢有力，采食能力强，但体型较小，胸部狭窄。

图 7.1 剑川山羊

【利用价值】肉用，加工羊皮。

2. 丽江绵羊

【学名】丽江绵羊是绵羊 (*Ovis aries*) 的一个品种。

【采集号与采集地】采集编号：2007531602 。采集地点：云南省剑川县金华镇庆华村。

【基本特征特性】丽江绵羊主要分布在丽江、剑川、鹤庆等地区，饲养模式粗放，每户的规模30只以上。该品种属于藏系绵羊的河谷型，为肉用型粗毛羊，主要有大型 (纠永型) 和小型 (鼻永型) 两个类型，毛色多为黑色或白色。群体中无角类型占93%以上。白绵羊头部宽，鼻梁隆起，鼻经常有黑褐色斑点，耳型大小不一，颈部细长。黑绵羊头稍长，成锐角三角形，额头微凹，耳型基本一致。

【优异性状】丽江绵羊适应性强。

【利用价值】肉用。

图 7.2　丽江绵羊

3. 宁蒗黑头山羊

【学名】宁蒗黑头山羊是家山羊 (*Capra aegagrus hircus*) 的一个品种。

【采集号与采集地】采集编号：2007533055 。采集地点：云南省宁蒗县永宁乡温泉村。

【基本特征特性】宁蒗黑头山羊骨骼健壮，体质结实，体躯丰满较长，近于长方形。头大小适中，额宽，微凹或稍平，鼻隆起，眼中等大小，耳大前伸，灵活。公羊普遍有螺旋形角，占58.2%，角形粗壮；母羊一般无角，无角者占68.75%，有角的角也不发达，

图 7.3　宁蒗黑头山羊

大多为姜角。颈部长短适中，头颈、颈肩结合良好。鬐甲稍高而宽，胸宽深，肋骨开张，背腰平直，体躯较长，腹大充实，尻部匀称。四肢粗壮结实，肢势端正，蹄质坚实呈黑色，尾细而稍长。骨骼、肌肉发育良好，骨骼粗壮结实，肌肉丰满。体躯被毛全白，额、尾、四肢蹄缘有黑色特征者占66.5%，被毛稀粗。纠永型和鼻永型在体型、外貌、被毛结构均有差异。母羊乳房圆大紧凑，发育中等；公羊睾丸大，左右对称。

【优异性状】宁蒗黑头山羊适应性强。

【利用价值】肉用，仪式用。

4. 圭山山羊

【学名】圭山山羊是家山羊 (*Capra aegagrus hircus*) 的一个品种。

【采集号与采集地】采集编号：2007532505。采集地点：云南省勐海县勐往乡坝散村。

【基本特征特性】圭山山羊体躯丰满，近于长方形。头小而干燥，额宽，鼻直，眼大有神，耳大灵活不下垂。公、母羊皆有须、有角，梳子角占7.8%，排角占86.52%，前向螺旋角占5.67%。颈扁浅。鬐甲高而稍宽，胸宽、深而稍长，背腰平直，腹大充实、尻部稍斜。四肢结实，蹄坚实呈黑色。骨架中等，圭山山羊全身黑色毛者占70.21%，头、颈、肩、腹部棕色毛者占21.28%，全身棕色毛者占7.09%，全身青毛者只有1.42%。被毛粗短富有光泽，皮肤薄而富有弹性。母羊乳房圆大紧凑，发育中等；公羊睾丸大，左右对称，颈肩和背部都长有较长的毛，雄性性征显著。

【优异性状】圭山山羊抗逆性强，发病少，善于攀食灌木嫩叶枝芽，耐粗饲的能力强，既产乳、又产肉，体质结实，行动灵活，游牧或定牧均可。但该品种产乳量低，生长发育缓慢，成熟晚。

【利用价值】肉用。

图 7.4 圭山山羊

5. 凉山半细毛羊

【学名】凉山半细毛羊是绵羊 (*Ovis aries*) 的一个品种。

【采集号与采集地】采集编号：2010514211。采集地点：四川省雷波县元宝山乡宝山村。

【基本特征特性】凉山半细毛羊体质结实，结构匀称，体格大小中等。头较大，面部略呈三角形，公、母羊均无角，头毛着生到两眼连线，前额有明显缮毛，鼻梁微隆，两耳向外侧立。颈粗短与肩胛部结合良好。胸部深宽，背腰平直，肋骨开张，尻中部宽平，体躯略呈圆筒状。四肢粗壮，姿势端正，蹄质黑色而坚实。骨骼粗壮结实，肌肉丰满，具有良好的肉用体型。全身被毛呈辫形毛丛结构，羊毛光泽强，匀度好，油汗白色或乳白色。前肢毛着生至膝关节或膝关节以下，后肢毛着生至飞节以下。腹毛着生良好，长度一般在8~10cm。

【优异性状】凉山半细毛羊产肉性能高，耐粗饲，当地主要以放牧为主。

【利用价值】主要作肉用和毛用，其中利用羊毛做成的"察尔瓦"是彝族人民常穿的重要服饰之一。

图 7.5　凉山半细毛羊

第二节　牛优异种质资源

6. 德宏水牛

【学名】德宏水牛是水牛 (*Bubalus bubalis*) 的一个品种。

【采集号与采集地】采集编号：2008531175。采集地点：云南省盈江县新城乡红山村。

【基本特征特性】德宏水牛历史悠久，在调查地点已有1000多年的饲养历史，主要用途是役用。体躯高大，体质结实，骨骼粗壮，结构匀称，具优良役用体型。公牛头短，额宽，嘴岔深，鼻孔大，眼大、圆鼓而有神；母牛头窄长，嘴较小，眼清秀。角架大而长，最长超过119cm，两角间宽有超过138cm的，角向后弯成弧形。公牛颈较宽厚；母牛颈较细长。鬐甲高于荐部，胸深超过前肢长度，背腰短而宽平，臁部小。尾短、根粗，尾帚长过飞节。

图 7.6　德宏水牛

四肢端正粗壮，筋腱明显，管骨粗大结实，系部短而有力。蹄黑色、大而圆，蹄质坚实。皮毛光滑，毛色以褐、黑色较多，颈下有一道半环形白色毛圈。

【优异性状】德宏水牛适应性广，抗病力强，耐寒性好，采食能力比较强，耐粗饲，产肉性能和繁殖性能好，肉质鲜嫩，风味独特。

【利用价值】当地哈尼族、彝族及拉祜族饲养德宏水牛耕地或役用，所调查民族都用其来办丧事。

7. 独龙牛（大额牛）

"独龙牛"一词来源于傈僳族语"曲阿尼"，汉译即为"独龙牛"。

【学名】独龙牛是黄牛属印度野牛（*Bos gaurus*）的一个品种。

【采集号与采集地】采集编号：2007534011。采集地点：云南省贡山县鸠木当。

【基本特征特性】独龙牛主产于贡山县独龙江一带，亦称大额牛，是牛亚科黄牛属中一个独立的牛种，在中国仅分布于云南省独龙江流域，其驯化时间已在百年以上。对染色体核型的比较研究表明，独龙牛的染色体数为 $2n=58$，普通黄牛为 $2n=60$，野牛为 $2n=56$，独龙牛的染色体数介于普通黄牛和野牛之间。独龙牛是我国境内珍稀牛种，为半野生半家养珍贵肉用畜种。独龙牛有生长快、适应性和抗病性强等优点。性喜群栖，常年野外放养，具嗜盐习性。有极强的攀登能力，公牛性猛，母牛临产前隐蔽于丛林或草丛，离群独居。面部较短窄，额部宽阔微凸。角基粗大，向上渐呈圆锥状，两角向头两侧平伸出，微向上弯，角长 40cm 左右，角间距达 100cm，母牛角比公牛稍小。全身被毛黑色或深褐色，四肢下部为白色。体躯高大，公牛颈脖肌肉发达，颈下有明显垂皮，鬐甲较低。产后 5~6d 带犊合群活动。成年公牛体重为 400~500kg，母牛为 350~400kg，屠宰率高，肉质好。一般 4 岁性成熟，1 年 1 胎。公牛站定时头部常常昂起，立姿剽悍。

【优异性状】独龙牛适应性广，抗病力强，采食能力强，非常耐粗饲，产肉性能和繁殖性能好，肉质鲜嫩，风味独特，是一个非常难得的肉用牛种。

【利用价值】肉用，肉质细嫩。

图 7.7 独龙牛

8. 滇东南水牛

滇东南水牛因其主要分布于云南南部的红河哈尼族彝族自治州、文山壮族苗族自治州及玉溪、曲靖两地区而得名。

【学名】滇东南水牛是水牛（*Bubalus bubalis*）的一个品种。

【采集号与采集地】采集编号：2007535425。采集地点：云南省金平县者米乡顶青村。

【基本特征特性】滇东南水牛为沼泽型、西南高原型地方水牛品种之一，被毛稀短，以灰黑、瓦灰色为主，皮厚骨粗，皮肤黝黑油亮。皮下脂肪不发达，喜水浴。大腿内侧、腹下毛色淡化，未成年个体部分毛尖呈棕褐色，有部分白色个体。头重、短宽，大小适中；角型有拢角（角间距小）和开角（角间距大且角较短）两种，角黑色、粗大而扁平，大幅度向后方弯曲；鼻平直，鼻镜、眼睑黑色，耳壳薄；颈细，长短适中；无肩峰；鬐甲高，胸宽而深，结合紧凑、坚实有力；尾至飞节；蹄圆大坚固、致密，无裂痕，黑色；四肢发育良好，肌肉强大而坚实；头颈、颈肩背、背腰、腰尻结合良好；体质结实，结构匀称，背腰平直，腹大圆，有斜尻和平尻。母牛乳房较大，乳头较粗。尾根粗，尾较短。四肢粗壮结实。体型分大小 2 型，大型牛体高为 121~127cm，小型为 115~118cm。成年公牛体重为 360kg，母牛为 340kg。

【优异性状】滇东南水牛耐粗饲，抗病，役用性能强。

【利用价值】肉用，仪式用，役用。

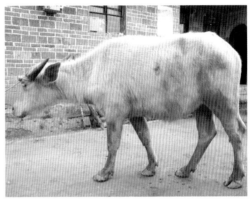

图 7.8　滇东南水牛

9. 云南瘤牛（云南高峰牛）

【学名】云南瘤牛是黄牛（*Bos primigenius taurus*）的一个品种。

【采集号与采集地】采集编号：2008535718。采集地点：云南省罗平县旧屋基乡法湾村。

【基本特征特性】公牛鬐甲前上方有一大的瘤状突起，状如驼峰，营养良好时，瘤的尖峰可向后或两侧倾斜，有的中间呈一凹槽，一般瘤高为 12~15cm，高者可 18~20cm。头短，额部宽平或微凹，眼圆大有神，耳朵比普通黄牛长、大，安静时往往平伸或下垂；角多粗短，公牛均有角，母牛多数无角，有者也仅寸余，公牛角型可分长角、短角和"倒八字"角 3 种，也有较纤细角、软角和七弦琴状角，但不多见。颈粗短，颈部肌肉厚实，垂皮十分发达，从下颌前缘开始一直向胸部延伸，在炎热地区，垂皮有延伸至腹部者，叫腹垂。体躯圆长，前躯发达，后躯呈圆筒形，背腰平直，尻部较平。尾粗且长，尾帚几乎着地。四肢较细，结实有力，蹄小而坚实。全身被毛短而细密，有光泽；毛色复杂，常见的有黑、褐、红、黄、青和灰白色 6 种。

【优异性状】云南瘤牛适应性强，役用性能好。

【利用价值】肉用，役用。

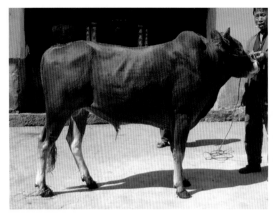

图 7.9　云南瘤牛

10. 凉山黄牛

【学名】凉山黄牛是黄牛 (*Bos primigenius taurus*) 的一个品种。

【采集号与采集地】采集编号：2010514212。采集地点：四川省雷波县黄琅镇三海村。

【基本特征特性】体小灵活，体躯较短，结构匀称，紧凑结实。头部长短适中，额宽平，眼大有神，口方面平，鼻镜呈灰黑色，公母均有角，极少个体无角。角型有抱紫角、尖角、芋头角、照阳角。公牛雄壮，母牛清秀，颈长短适中，公牛颈较粗短，肉垂发达有皱褶，肩峰较高，前躯高于后躯；母牛颈较细长，肉垂较小，鬐甲低薄，后躯高于前躯。胸宽深，发育良好，背腰平直，长短适中，结合良好，肋长而开张，腹大而圆，尻长中等，荐骨稍隆起，多斜尻。四肢健壮结实，蹄圆形，少数为剪刀蹄，蹄质坚实，多为黑色。母牛乳房小，乳头匀称，公牛睾丸发育良好。被毛颜色多种，有黄、花、红紫、黑、黑棕、黄褐等色。

【优异性状】凉山黄牛耐粗饲，对环境适应性强，任其自主觅食，每隔 1 周或 10d 上山查看一次，当地人称之为"漂"。

【利用价值】在当地主要作役用和销售，或仪式用。

图 7.10　凉山黄牛

第三节　马和驴优异种质资源

11. 大理马

【学名】大理马是家马 (*Equus ferus caballus*) 的一个品种。

【采集号与采集地】采集编号：2007531607。采集地点：云南省剑川县沙溪镇石龙村。

【基本特征特性】体型矮小紧凑。头中等大小较清秀，额面平直，眼小有神，耳小直立。颈长中等稍薄，略呈水平。鬐甲较低，背腰平直，胸窄而深，腹大小适中，尻短稍斜。四肢细而结实，筋腱明显，后肢略呈外弧肢势，距毛多，蹄中等大小而坚实。被毛纤细，行动灵敏，性情温顺。毛色以骝毛居多，栗、黑、青毛次之，沙、白、驳毛少见。成年公马平均体高115.04cm，母马111.47cm；体长113.02cm、112.56cm；胸围129.88cm、127.14cm；管围14.6cm、13.84cm。母马1岁性成熟，公马1岁半性成熟，2~3岁开始配种，使用年限15年左右。母马终生产驹7~9匹。配种季节为3~8月，产后9~12d发情，发情周期平均为23.4d，持续期一般为7d，妊娠期平均为356.6d (325~401d)。

【优异性状】大理马是滇西腹地及偏北农区的代表类群，经长期选育形成的小型、驮用型马种。突出的优点是矮小精干，吃苦耐劳，善走山路，易于调教。驮载轻快灵活，持久力好，又耐粗饲，适应性好。

【利用价值】大理马役用以驮载为主，驮重65kg (最高达80kg)，可日行30km，长途运输可持续作业15d以上。适应农作区社会经济生活需要。

 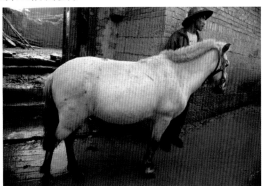

图 7.11　大理马

12. 文山马

【学名】文山马是家马 (*Equus ferus caballus*) 的麻栗坡马代表类群。

【采集号与采集地】采集编号：2008535352。采集地点：云南省麻栗坡县八布乡江东村。

【基本特征特性】文山马已养殖了100年以上。该品种是麻栗坡马在热带、亚热带地区的一个代表类群，属于山地驮挽兼用型马。文山马属地方品种，首次发现是在麻栗坡县城小河洞，距今一万年左右，由野马驯化家马的过渡型马种的牙齿化石证明，特别是过渡型马种的存在时间，大致衔接了史前的早期文明。

【优异性状】文山马在役用方面具灵活性，常年很少发病，每天役用之余，任其自由采食，常于冬末春初，放牧之余，补饲少量精料和农作物秸秆。该品种具高繁殖力、耐粗饲、耐高温高湿、耐寒等特点。

【利用价值】役用或驾乘。

图 7.12　文山马

13. 云南矮马

【学名】云南矮马是家马 (*Equus ferus caballus*) 的原始品种。

【采集号与采集地】采集编号：2008535719。采集地点：云南省罗平县旧屋基乡法湾村。

【基本特征特性】云南矮马的体质结实，体型匀称，结构发育良好，短小精悍，外貌清秀。体型方形或低方形，体长略等于体高。头直，眼大明眸，鼻孔大、鼻翼开张，上下唇紧闭，耳小直立。颈长中等，多呈水平颈。鬐甲基础较低，胸深中等、略窄，背腰短、平直，多斜尻。四肢干燥，前肢肩短，肢势多曲飞，蹄质坚实，步态强健有力，步样轻快、行动敏捷，善于行走山路，少数个体肢势轻度外向，被毛稍稀，但鬃、鬣、尾毛长而密。毛色较杂，以骝毛、青毛、栗毛为主，三种毛色占总数的 71.12%，黑沙、土褐、花及其他毛色仅占28.88%，在一部分矮马中，有龟背，在腰脊椎部有竹节斑。在骝毛、栗毛、沙毛等毛色马中，较多的存在着毛色较深的背线，极个别马在肩部有暗褐色条纹。本次调查的矮马体高均在 109cm 以下。云南矮马性成熟较早。公马 30 月龄性成熟可配种，利用年限 18~20年，个别公马 25 岁还有繁殖能力。母马 24 月龄左右性成熟可配种，全年发情，以 4~6 月为集中，发情周期 20~25d，发情持续期 5~7 d，妊娠期 325~345d，产后 7~10d 即可发情配种，当地群众称为"血胎配种"，1 年 1 胎或 3 年 2 胎，繁殖能力保持 16~20 年。初生公马重9~11kg，母马 8 ~ 10kg。6 月龄或自然断奶后重为：公马 55~60kg，母马 45~50kg。成活率 90% 以上。

【优异性状】云南矮马属于原始品种，对高寒、湿热气候环境和粗放的饲养管理条件有较强的适应能力，是当地山区群众的重要运输畜力。

【利用价值】役用。

图 7.13　云南矮马

14. 云南驴

【学名】云南驴是马属家驴 (*Equus asinus*) 的一个品种。

【采集号与采集地】采集编号：2007531608 。采集地点：云南省剑川县甸南镇上关甸村。

【基本特征特性】云南驴头显粗重，额宽隆，耳大长。胸浅窄，背腰短直，尻斜短，腹稍大。前肢端正，后肢稍外向，蹄小而尖坚。被毛厚密，毛以灰色为主，并有鹰膀，背浅，虎斑，其他部分为红褐色。体高 80~95cm，毛色多为灰色、褐色，肩胛部有十字形的黑色条纹。云南驴性成熟早，2~3 岁即可配种繁殖，一般 3 年 2 胎，如专门作肉驴饲养也可 1 年 1 胎，屠宰率为 45%~50%，净肉率为 30%~34%，每头净肉量为 35kg 左右。

【优异性状】云南驴性情温顺，易于调教管理，采食量小，繁殖能力强，耐粗饲，吃苦耐劳，抗病力强，善于山路行走。

【利用价值】主要作为家庭生产役用，或作为种间杂交材料，生产骡子。

图 7.14　云南驴

第四节　猪优异种质资源

15. 高黎贡山猪

【学名】高黎贡山猪是家猪 (*Sus scrofa domestica*) 的一个品种。

【采集号与采集地】采集编号：2007533030。采集地点：云南省宁蒗县永宁乡温泉村。

【基本特征特性】产于 25°N 以北，因主产区为高黎贡山地区，故称高黎贡山猪，被毛全黑为主，毛短稀而有光泽，部分猪在额心、尾尖及四肢系部有白毛共为"六白"或"六白"不全。体型短小、圆滑，头短嘴尖，脸平额宽，眼球灵活，显得胆小，耳小直立，颈粗短，背腰平直，胸深腹圆，四肢细短，尾短细。体型较瘦小，毛色黑色，但圈养后代的毛色通常出现黑黄杂色，与野猪毛色类似，推测这是一种返祖现象。一般圈养 2~3 年后出栏。

【优异性状】肉质嫩、香。

【利用价值】重大节日、婚丧事必用品。

图 7.15　高黎贡山猪

16. 滇南小耳猪

【学名】滇南小耳猪是家猪 (*Sus scrofa domestica*) 的一个品种。

【采集号与采集地】采集编号：2007535291。采集地点：云南省金平县勐拉乡新勐村。

【基本特征特性】体躯短小。耳竖立或向外横伸。背腰宽广，全身丰满。皮薄，毛稀，被毛以纯黑为主，其次为"六白"和黑白花，还有少量棕色的。按体型可分为大、中、小三种类型。大型猪特征为：面平直，额宽，耳稍大，多向两侧平伸或直立。颈部短、厚。背腰平直，腹大而不下垂。四肢较粗壮。小型猪特征为：体型短小，有"冬瓜身，骡子屁股，鹿子蹄"之称。头小，额平无皱纹，耳小直立而灵活，耳宽大于耳长，嘴筒稍长。颈短肥厚，下有肉垂。背腰多平直，臀部丰圆，大腿肌肉丰满。四肢短细、直立，蹄小坚实。中型猪体型外貌介于大、小型猪之间。

山区以放牧为主，多采用"先吊架子"后集中粮食催肥的方式养猪，饲养期 1.5~2 年，体重可为 80~100kg。平原区饲料条件较好，断奶后 1 年左右小型猪体重为 60kg 左右，大型猪可为 100kg 左右。屠宰率为 74%，胴体瘦肉率为 31%，脂肪占 53%。性成熟较早，公猪 3 月龄，母猪 4 月龄即可配种受胎。据农村调查显示，一般初产母猪产仔数为 5 或 6 头，经产母猪产仔数为 7~9 头，育成率在 80% 以上。

【优异性状】滇南小耳猪数量大，分布广，能适应湿热气候和放牧为主的饲养条件，具有早熟易肥，屠宰率高，皮较薄，肉质好的特点。但性情较野，生长速度较慢，饲料利用率较低。

【利用价值】适应性强，肉用价值高。

图 7.16 滇南小耳猪

17. 藏猪

【学名】 藏猪是家猪 (*Sus scrofa domestica*) 的高原猪品种。

【采集号与采集地】 采集编号：2010513485。采集地点：四川省巴塘县竹巴龙乡基里村。

【基本特征特性】 藏猪属高原猪品种之一，头窄长，呈锥形，耳小略下垂，耳包硬，额间无明显皱纹。颈和体躯较短。胸较狭窄，背腰平直或稍隆起，后躯较前躯略高，臀部倾斜。大腿欠丰满，四肢健壮，蹄质坚硬。被毛多为黑色，额部、四肢及尾尖有呈白色者，棕色猪较少。鬃毛粗长，多而密。奶头多为 5 对，少数为 4 对或 6 对。

藏猪按体型的大小和嘴筒的形状、长短可分为大、中、小 3 型。其中以中型猪（又称二虎头猪）为主，体躯狭长，成年猪体长约 100cm，头比大型猪小，嘴筒细长而平直，背腰平直或呈弓形，腹部紧凑，四肢坚实，行动敏捷，饲养一年体重可有 40~50kg。大型猪（又称大架子），体型稍高大，体长约 126cm，嘴筒长而粗，额间有长竖皱纹，被毛粗糙，身腰长，腹大而不下垂，背腰平直或略下凹，四肢粗壮，一般饲养 1.5 年体重可有 50~60kg。小型猪（俗称荷苞猪肝），头小，嘴尖呈耗子头状，又称尖嘴猪，耳小平展下垂，体躯粗短，体长 90cm 左右。四肢细小，被毛长而密，饲养一年体重可有 30~40kg。

藏猪的性成熟期较长，小母猪 4 月龄左右初次发情，6 月龄可到达性成熟，可配种受孕；小公猪 2 月龄内有性行为，5~6 月龄左右开始配种。受孕母猪的妊娠期为 110~120d，很少出现难产和早产，母性较强，弃仔现象很罕见，每窝产仔数一般为 5~10 头，平均每窝为

图 7.17 藏猪

6 或 7 头。生命周期 15~20 年，母猪可利用 10 年左右，公猪可利用 3~4 年。

【优异性状】藏猪具有耐粗饲、抗病、抗虫的特点，在高寒地区一般以放牧为主，母猪只有在临产前才转为舍饲，产后补饲以芜菁和青稞面，20d 左右带仔猪放牧。

【利用价值】藏猪的肌间脂肪含量高，风味独特，肉嫩味香。体型较小，肌肉系水力弱，适合于琵琶肉的制作，利于腌制和贮藏。同时该猪的花油和板油较多，在高寒地区植物油相对缺乏的条件下，可作为植物油的替代品，同时，由于用猪油做出的菜比用植物油做出的菜香，深受当地农民的喜爱。在春冬枯草季节当地群众还保留有用猪板油给牛羊抓膘的习惯。

18. 大河乌猪（屏边黑猪）

该品种因中心产区为云南省富源县的大河镇而得名。

【学名】大河乌猪是家猪（*Sus scrofa domestica*）的乌金猪的一个重要类型。

【采集号与采集地】采集编号：2007531904。采集地点：云南省屏边县白河乡马卫村。

【基本特征特性】大河乌猪属国家畜禽遗传资源保护品种，系西南地区脂肉兼用型优良地方猪种。大河乌猪体质结实，体型匀称，各部位结合良好；头大小适中，嘴直长，端部有三道浅皱纹，又称三道箍，额部有菱形浅皱纹，耳尖下垂。体躯较长，背腰平直，胸部宽深，后躯丰满，腹部紧凑。四肢健壮，肢蹄结实。被毛乌黑，毛尖略带褐色，在阳光照射下显黄色，俗称黑火毛。母猪乳房发育良好，乳头 6~7 对。

【优异性状】大河乌猪具有性成熟早，母性好，抗逆性强，耐粗饲，肉质细嫩鲜美，肌肉脂肪含量高等优点。

【利用价值】适宜提供鲜肉、冷却肉，加工优质火腿，生产加工肉制品，开发新品种等。

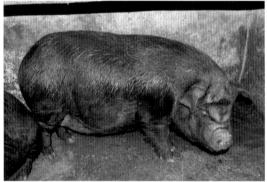

图 7.18　大河乌猪

第五节　鸡优异种质资源

19. 武定鸡

【学名】武定鸡是家鸡（*Gallus gallus domesticus*）的地方品种。

【采集号与采集地】采集编号：2007531604 。采集地点：云南省剑川县沙溪镇甸头村。

【基本特征特性】体型高大,骨骼粗壮,腿粗,胫较长,肌肉发达,体躯宽而深,头尾昂扬,步态有力,由于全身羽毛较蓬松,更显得粗大。公鸡羽毛多呈赤红色,有光泽,而母鸡的翼羽、尾羽全黑,体躯及其他部分则披有新月形条纹的花白羽毛。单冠,红色、直立、前小后大,冠齿为7~9个。喙黑色。耳叶、肉垂皆红色。胫与喙的颜色一致。多数有胫羽和趾羽,群众称之为"穿套裤子鸡"。皮肤白色。

【优异性状】武定鸡是彝族人民长期选育的地方优良品种,有一定的分布区域和数量。

【利用价值】阉割后的武定鸡,不论公、母,肉质都比较肥嫩,味更鲜美。

图 7.19 武定鸡

20. 茶花鸡

该品种因雄原鸡的叫声酷似当地方言"茶花两朵"而得名。

【学名】茶花鸡是家鸡 (*Gallus gallus domesticus*) 的原始品种。

【采集号与采集地】采集编号:2007532457。采集地点:云南省勐海县勐遮乡南双岭村。

【基本特征特性】茶花鸡闻名于我国西南地区,产于西双版纳周边地区的深山老林。由野生红色原鸡经长期驯化选育而成,是国内不可多得的原始鸡种。茶花鸡骨骼轻盈,生性精灵,活泼好斗,周身羽毛艳丽而富有光泽。公鸡的羽毛多为赤红色,母鸡的羽毛多为麻色。体型娇小玲珑,体重1~1.5kg,羽毛紧贴,肌肉结实,骨骼细致,体躯匀称,近似船形,性情活泼,机灵胆小。公鸡鸣叫声悦耳动听。头部清秀,冠大多是红色单冠。喙黑色,少数带黄色。胫脚黑色,少数带黄色。公鸡的羽毛除翼羽、主尾羽、镰羽为黑色或黑色镶边外,其余全是红色,梳羽、蓑羽有鲜艳光泽;母鸡除翼羽、尾羽多数是黑色外,全身是麻色,翼羽一般比家鸡略微下垂。

【优异性状】①适应性强：茶花鸡不仅适应于热带、亚热带地区饲养繁衍,而且对高寒地区也具有良好的适应能力,全年各个季节全国各地均可饲养。②饲养粗放:其抗病能力强,病害少,1月龄以上的茶花鸡即可散放在田边、田角,让其自由觅食。对外界环境要求不高,各种粮食类作物均可饲喂,并可配以青绿植物。③采食量少:茶花鸡体重轻小,采食量少,从初生到2月龄,平均每只日采食量不足30g,肉料比为1:2.5。④成活率高:茶花鸡种蛋受精率为89%~95%,受精蛋孵化率为90%,种蛋孵化期21d,育雏成活率在98%左右。

【利用价值】茶花鸡是上好的山珍野味,其肉质十分鲜美。茶花鸡具有以下食用特点。茶花鸡作为一个优质鸡种,其肉质的独特风味和鲜美度是禽类中少有的。茶花鸡的肉质结实、清香，骨细嫩，品味纯正，营养价值高。在产区，贵客登门拜访，主人会拿出茶花鸡肉煮稀饭招待，以示尊重。当地少数民族妇女在产期都要食用未开产的母鸡来滋补身体。该品种适应性强，现已被驯化家养。

茶花鸡除食用外，还可用于观赏和娱乐。由于茶花鸡身型娇小玲珑，羽毛鲜艳而富有光泽，啼声清脆悦耳，被人们当做一种美丽的鸟类来欣赏。在云南的西双版纳、德宏、临沧、思茅等傣族群众聚居的地区，人们常用特制的鹦鹉架饲养茶花鸡，供作观赏。茶花鸡虽身型轻巧，但活泼好斗，当地少数民族群众就挑选斗性强，叫声清脆的公鸡精心饲养，在年节期间用来格斗娱乐。

此外，茶花鸡不仅是宝贵的家禽资源，还是研究家鸡起源的活化石。

图 7.20　茶花鸡

21. 乌骨鸡

【学名】乌骨鸡是家鸡 (*Gallus gallus domesticus*) 的地方品种。

【采集号与采集地】采集编号：2008535715。采集地点：云南省罗平县旧屋基乡法湾村。

【基本特征特性】乌骨鸡是云南著名的地方品种，骨乌黑，肉质鲜美。

【优异性状】乌骨。相对于引进品种，该鸡对病害有一定的抗性，饲养容易，农户散养无特殊疾病，适于放养。

【利用价值】食用，药用。

图 7.21　乌骨鸡

22. 娇鸡

大围山微型鸡，独有的地方品种，又名金鸡、香鸡、野鸡。

【学名】 娇鸡是家鸡 (*Gallus gallus domesticus*) 的地方品种。

【采集号与采集地】 采集编号：2007535476 。采集地点：云南省金平县勐拉乡新勐村委会那黄村民小组。

【基本特征特性】 母鸡为褐麻色，以深褐麻色居多。公鸡主要为褐麻色或红色。性成熟公、母鸡两翅膀主翼羽长达骨盆耻骨后缘，明显下垂与体躯平轴可达 40°角，达胫部，性成熟越明显，下垂越明显。不论公母，尾羽发达而膨大。鸡冠为豆状三叶（列）冠。冠叶分界明显或不明显，侧冠不明显或近似明显，主冠及侧冠基本无冠齿。冠和髯红色，母鸡略淡。胫多数深黄色，少数淡黄色。公鸡胫长 6.17cm，胫围 3.54cm。母鸡胫长 5.33cm，胫围 3.05cm。

【优异性状】 本地傣族人饲养的较多。该鸡体型很小，成年公鸡体重最大的约有 1.5kg，母鸡最大的约有 1kg。生长速度慢，斗性强，属观赏型。但其经济价值高（1 只鸡能卖 100 多元），耐粗放管理，放养。还可作肉用，肉质香、嫩。

【利用价值】 适合于散养，肉用。

图 7.22　娇鸡

23. 藏鸡

【学名】 藏鸡是家鸡 (*Gallus gallus domesticus*) 的地方原始品种。

【采集号与采集地】 采集编号：2010513486 。采集地点：四川省巴塘县竹巴龙乡基里村。

【基本特征特性】 母鸡羽色较复杂，主要有黑麻、黄麻、褐麻等色，少数白色，纯黑较少。公鸡羽长，冠多呈红色，单冠，少数呈豆冠或有冠羽。母鸡冠小，稍有扭曲，肉垂红色。喙多呈黑色，少数呈肉色或黄色。耳叶多呈白色，少数红白相间，个别红色。胫黑色者居多，其次为肉色，少数有胫羽。初生重为 28.1~30.8g，成年公鸡体重为 1145g，母鸡为 860.2g。开产期 240d，年产蛋 40~100 枚，平均蛋重为 33.92g，蛋形指数为 1.26。

【优异性状】 藏鸡是藏族人民长期饲养人工选择的地方原始品种，适应于高原寒冷、恶劣多变的气候环境。鸡体型较小，匀称紧凑，性情活泼，好斗性强，善于登高飞翔。饲养管理极为粗放，多无补饲习惯。夜间栖息于高圈梁架、树枝之上，露宿于宅旁树林，基本上处于半野生状态。

【利用价值】肉用，作为育种材料。

图 7.23　藏鸡

24. 矮脚鸡

【学名】矮脚鸡是家鸡 (*Gallus gallus domesticus*) 的地方品种。

【采集号与采集地】采集编号：2007532453。采集地点：云南省勐海县曼遮乡曼根村。

【基本特征特性】矮脚鸡体型矮小，成年母鸡平均体重为 1.94kg (1~2.85kg)，成年公鸡平均体重为 2.17kg (1.2~3.25kg)，主要特点是脚短，清秀，体躯近椭圆形，单冠，羽色多样。年均产蛋量 213 枚 (108~318 枚)，平均蛋重 57.5±6.13g，范围为 50~75g，蛋壳颜色为黄色或白色，白色占 70%。饲养条件主要是在春播秋收时期实行舍饲，其他时间几乎完全是放养，饲料一般喂给整粒玉米或燕麦，据当地群众的经验，喂燕麦效果好，增重快、产蛋多。

【优异性状】矮脚鸡矮小，适应性强。

【利用价值】肉用，作为育种材料。

图 7.24　矮脚鸡

第六节　鸭优异种质资源

25. 云南番鸭（云南旱鸭）

【学名】云南番鸭是家鸭 (*Anas platyrhynchos domestica*) 的旱鸭品种。

【采集号与采集地】采集编号：2007532480。采集地点：云南省勐海县勐阿乡南朗河村七队。

【基本特征特性】体色分为全黑、全白和杂花 3 种，额部有明显的瘤突，是区分旱鸭与其他鸭类品种的主要特征。旱鸭一般陆地生活，步态姿势缓慢，其抗病性强，体型较大。由于肉质好（香、有嚼头），当地还有少量饲养，但旱鸭的耗料量大，生长缓慢，使其逐步趋于淘汰。白天在房前屋后放养，夜间关笼。

【优异性状】抗病力强，肉质好、鲜美。

【利用价值】肉用。

图 7.25 云南番鸭

26. 剑湖麻鸭

【学名】剑湖麻鸭是家鸭 (*Anas platyrhynchos domestica*) 的一个品种。

【采集号与采集地】采集编号：2007531605。采集地点：云南省剑川县金华镇禄寿村。

【基本特征特性】体型匀称，公鸭胸深，体躯长方形，头颈上半段为深孔雀绿色，有的有一白环，体羽深褐色，腹羽灰白色，尾羽黑色，翼羽常见黑绿色。母鸭胸腹丰满，全身麻色带黄。喙黄色，胫、蹼橘红或橘黄色，爪黑。皮肤白色。成年公鸭体重为 1.58kg 左右，母鸭为 1.55kg 左右。壳色淡绿、绿、白色 3 种。

【优异性状】适应性好，肉质鲜嫩，蛋品质优异。

【利用价值】肉用，作为育种材料。

图 7.26 剑湖麻鸭

（马月辉　浦亚斌）